青少年心理自助文库
自强丛书

自知

一日看尽长安花

吕洪峰/编著

增强青少年辨别真善美和假恶丑的
能力，树立正确的价值观、人生观，
增强社会责任感。

中国出版集团　现代出版社

图书在版编目(CIP)数据

自知:一日看尽长安花 / 吕洪峰编著. —北京 : 现代出版社, 2013.7

ISBN 978-7-5143-1610-0

Ⅰ. ①自… Ⅱ. ①吕… Ⅲ. ①自我评价-青年读物②自我评价-少年读物 Ⅳ. ①B848-49

中国版本图书馆 CIP 数据核字(2013)第 149216 号

编　　著	吕洪峰
责任编辑	窦艳秋
出版发行	现代出版社
通讯地址	北京市安定门外安华里 504 号
邮政编码	100011
电　　话	010-64267325 64245264(传真)
网　　址	www.1980xd.com
电子邮箱	xiandai@cnpitc.com.cn
印　　刷	北京中振源印务有限公司
开　　本	710mm×1000mm 1/16
印　　张	14
版　　次	2019 年 4 月第 2 版 2019 年 4 月第 1 次印刷
书　　号	ISBN 978-7-5143-1610-0
定　　价	39.80 元

前言 PREFACE

为什么当今时代一部分青少年拥有幸福的生活却依然感觉不幸福、不快乐？又怎样才能彻底摆脱日复一日的身心疲惫？怎样才能活得更真实、更快乐？越是在喧嚣和困惑的环境中无所适从，我们越是觉得快乐和宁静是何等的难能可贵。其实，正所谓"心安处即自由乡"，善于调节内心是一种拯救自我的能力。当我们能够对自我有清醒认识，对他人能够宽容友善，对生活能无限热爱的时候，一个拥有强大的心灵力量的你将会更加自信而乐观地面对一切。

青少年是国家的未来和希望。对于青少年的心理健康教育，直接关系着下一代能否健康成长，能否承担起建设和谐社会的重任。作为家庭、学校和社会，不能仅仅重视文化专业知识的教育，还要注重培养孩子们健康的心态和良好的心理素质，从改进教育方法上来真正关心、爱护和尊重他们。如何正确引导青少年走向健康的心理状态，是家庭、学校和社会的共同责任。因为心理自助能够帮助青少年解决心理问题、获得自我成长，最重要之处在于它能够激发青少年自我探索的精神取向。自我探索是对自身的心理状态、思维方式、情绪反应和性格能力等方面的深入觉察。很多科学研究发现，这种觉察和了解本身对于心理问题就具有治疗的作用。此外，通过自我探索，青少年能够看到自己的问题所在，明确在哪些方面需要改善，从而"对症下药"。

成功青睐有心人。一个人要想获得事业上的成功，就要有自信，就要把握住机遇，勇于尝试任何事。只有把更多的心血倾注于事业中，你才能收获成功的果实。

远大的目标是人生成功的磁石。一个人如果仅仅拥有志向,没有目标,成功就无从谈起。

一个建筑工地上有三个工人在砌一堵墙。

有人过来问:“你们在干什么?”

第一个人没好气地说:“没看见吗? 砌墙。”

第二个人抬头笑了笑说:“我们在盖幢高楼。”

第三个人边干边哼着歌曲,他的笑容很灿烂:“我们正在建设一个城市。”

十年后,第一个人在另一个工地上砌墙;第二个人坐在办公室里画图纸,他成了工程师;第三个人呢,是前两个人的老板。

三个原本是一样境况的人,对一个问题的三种不同回答,反映出他们的三种不同的人生目标。十年后还在砌墙的那位胸无大志,当上工程师的那位理想比较现实,成为老板的那位志存高远。最终不同的人生目标决定了他们不同的命运:想得最远的走得也最远,没有想法的只能在原地踏步。

远大美好的人生目标能吸引人努力为实现它而奋斗不止。每当你懈怠、懒惰的时候,它犹如清晨叫早的闹钟,将你从睡梦中惊醒;每当你感到疲惫、步履沉重的时候,它就似沙漠之中生命的绿洲,让你看到希望;每当你遇到挫折、心情沮丧的时候,它又犹如破晓的朝日,驱散满天的阴霾。

在人生目标的驱策下,人们能不断地激励自己,获得精神上的力量,焕发出超强的斗志。那样,你就能收获成功的果实。

本丛书从心理问题的普遍性着手,分别描述了性格、情绪、压力、意志、人际交往、异常行为等方面容易出现的一些心理问题,并提出了具体实用的应对策略,以帮助青少年读者驱散心灵的阴霾,科学调适身心,实现心理自助。

本丛书是你化解烦恼的心灵修养课,可以给你增加快乐的心理自助术。本丛书会让你认识到:掌控心理,方能掌控世界;改变自己,才能改变一切。本丛书还将告诉你:只有实现积极心理自助,才能收获快乐人生。

目 录
CONTENTS

自知

自 知

第一篇 >>>

自我认知赢得人生

自我认知改变人生。人贵有自知之明，如果一个人总是无法看清自己的不足，那必然会枉活一世。天生我材必有用，认清自我，分析自我，完善自我，保留自己的特色，不画他人的风景，挖掘自己的闪光点，做最好的自己，才能更快地到达成功的巅峰。

爱默生曾经说过：“羡慕就是无知，模仿就是自杀。”无论是历史上，还是现实生活中，不知道有多少天赋非凡的模仿者，由于遗忘或者故意掩饰自己的特殊性，最终都一事无成，沦为追随他人的牺牲品。

英雄不问出身

孔子在谈到仲弓的时候说："耕牛产下的牛犊长着红色的毛，角也长得整齐端正，人们虽想不用它做祭品，但山川之神难道会舍弃它吗?"

仲弓是孔子最得意的学生之一，出身贫苦。他父亲当时的名誉并不高，在各方面都很不如意。但这做儿子的，却才能出众。因此孔子全力提拔这个学生，给予特别培养，他劝仲弓心理上不必有下意识的自卑感。"犁牛"是一种杂毛牛的名称，在古代这种杂色的牛，除了耕种，没有什么其他的用途。尤其在祭祖宗、祭天地等庄严隆重的典礼中，一定要选用色泽光亮纯净的牛为祭品。但这条杂毛牛却生了一条毛色纯红、头角峥嵘的俊美小牛。虽然那杂毛牛的品种不好，但是只要这头小牛本身条件好，即使在祭祀大典中不想用它，山川神灵也不会舍弃它的。山川在远古和春秋时代，有时代表神。在这里，孔子是说天地之神也一定启示人们，不会把有用的工具，平白地投闲置散的。这也是告诉仲弓，你心里不要有自卑感，不要介意自己的家庭出身如何，只要自己真有学问，真有才华，真站得起来，别人想不用你，天地鬼神都不会答应的。

再来看看冯谖客孟尝君的例子：

春秋战国时期，齐国的相国孟尝君家中门客甚多。

自知

他把门客分为几等：头等的门客出去有车马，一般的门客吃的有鱼肉，至于下等的门客，就只能吃粗茶淡饭了。有个名叫冯谖的老头子，穷苦得活不下去，投到孟尝君门下来做食客。孟尝君问管事的："这个人有什么本领?"

管事的回答说："他说没有什么本领。"

孟尝君笑着说："把他留下吧。"

管事的懂得孟尝君的意思，就把冯谖当作下等门客对待。过了几天，冯谖靠着柱子敲敲他的剑哼起歌来："长剑呀，咱们回去吧，吃饭没有鱼呀!"

管事的报告孟尝君，孟尝君说："给他鱼吃，照一般门客的伙食办吧!"

又过了五天，冯谖又敲打他的剑唱起来："长剑呀，咱们回去吧，出门没有车呀!"

孟尝君听到这个情况，又跟管事的说："给他备车，照上等门客一样对待。"

又过了五天，孟尝君又问管事的，那位冯先生还有什么意见。管事的回答说："他又在唱歌了，说什么没有钱养家呢。"

孟尝君问了一下，知道冯谖家里有个老娘，就派人给他老娘送了些吃的穿的。这一来，冯谖果然不再唱歌了。

孟尝君养了这么多的门客，管吃管住，光靠他的俸禄是远远不够花的。他就在自己的封地薛城（今山东滕州市东南）向老百姓放债收利息，来维持他家的巨大的耗费。

有一天，孟尝君派冯谖到薛城去收债。冯谖临走的时候，向孟尝君告别，问："回来的时候，要买点什么东西来?"

孟尝君说："你瞧着办吧，看我家缺什么就买什么。"

冯谖到了薛城，把欠债的百姓都召集起来，叫他们把债券拿出来核对。老百姓正在发愁还不出这些债，冯谖却当众假传孟尝君的决定：还不出债的，一概免了。

老百姓听了将信将疑，冯谖干脆点起一把火，把债券烧掉。

冯谖赶回临淄，把收债的情况原原本本告诉孟尝君。孟尝君听了十分生气："你把债券都烧了，我这里三千人吃什么！"

冯谖不慌不忙地说："我临走的时候您不是说过，这儿缺什么就买什么吗？我觉得您这儿别的不缺少，缺少的是老百姓的情义，所以我把情义买回来了。"

孟尝君很不高兴地说："算了吧！"

后来，孟尝君的声望越来越大。齐王听信他人谣言，认为孟尝君名声太大，威胁他的地位，决定收回孟尝君的相印。孟尝君被革了职，只好回到他的封地薛城去。

这时候，三千多门客大都散了，只有冯谖跟着他，替他驾车上薛城。

当他的车马离薛城还差一百里的时候，只见薛城的百姓，扶老携幼，都来迎接。

孟尝君看到这番情景，十分感慨，对冯谖说："你过去给我买的情义，我今天才看到。"

伟大诗人李白说："天生我材必有用。"人的出身并不重要，出身再卑微的人也不要有自卑意识。上苍给每个人的机会是平等的，你所要做的，就是找到最适合你的那个位置，并发挥作用。

心灵悄悄话

一个人的出身并不重要，重要的是你自身要有才能。并且你还要深信，自己的才能总会派上用场。

不要小看了自己

任何时候都不要小看自己。在关键时刻，你敢说“我很重要”吗？试着说出来，你的人生也许会由此揭开新的一页。

从前有个人，出身很贫穷，自己又没有一技之长。因为没有谋生的手段，他每天只有靠在城里乞讨度日，生活十分困窘。

恰在此时，有个马医因为活计太多，忙不过来，需要找一个帮手。这个乞丐便主动找上门去，请求在马厩里给马医打打杂工，以此换取一日三餐。这样一来，他再也不用沿街乞讨，晚上也不必漂泊流浪了。安定的生活使他的日子变得充实起来，他干活格外卖力，并决心成为一个马医。可是，有人却在他身边取笑他说：“马医本来就是一个被人瞧不起的职业，而你不过是为了混口饭吃，就去给马医打杂，当下手。这难道不是莫大的耻辱吗？”

这个昔日的乞丐平静地回答：“依我看，天下最大的耻辱莫过于当寄生虫，靠乞讨度日。过去，我为了活命，连讨饭都不感到羞耻。如今能帮马医干活，用自己的劳动养活自己，同时还能学到东西，这又怎么能说是耻辱呢？”

乞丐的话告诉我们，只要自己不小看自己，别人就不敢小瞧你。任何时候，只要学会珍惜自己，维护自身的尊严，就必然会成为一个独一无二的人，并赢得人们的尊重。

如今人们所需要的不是谦虚，而是自信。只要你不懈追求，相信自己不比别人差。你就一定能行！哪怕你只是一块石头，但站着就该是一座山，倒下便是路基，完整时给人启示，粉碎时使人警醒……你要时刻提醒自己：我很重要！

战后受经济危机的影响，日本失业人数陡增，工厂效益也很不景气。一家濒临倒闭的食品公司为了起死回生，决定裁员三分之一。有三种人名列其中：一种是清洁工，一种是司机，一种是无任何技术的仓管人员。这三种人加起来有30多名，经理找他们谈话，说明了裁员意图。清洁工说：“我们很重要，如果没有我们打扫卫生，没有清洁优美、健康有序的工作环境，你们怎么能全身心投入工作?”

司机说：“我们很重要，这么多产品没有司机怎么能迅速销往市场?”

仓管人员说：“我们很重要，战争刚刚过去，许多人挣扎在饥饿线上，如果没有我们，这些食品岂不要被流浪街头的乞丐偷光!”

经理觉得他们说的话都很有道理，权衡再三决定不裁员，重新制定了管理策略。最后经理在厂门口悬挂了一块大匾，上面写着：“我很重要。”从此，这家公司的职员们每天上班，第一眼看到的便是“我很重要”这四个字。不管一线职工还是白领阶层，都认为领导很重视他们，因此工作也很卖命。这句话调动了全体职工的积极性，几年后这家公司就又迅速崛起，成为日本有名的公司之一。

心灵悄悄话

生命没有高低贵贱之分。蚯蚓虽然丑陋，却肥沃了无数的土地；一只蜜蜂虽然不起眼，但它可以传播花粉从而使大自然色彩斑斓。所以，任何时候都不要小看了自己。“我很重要”，试着说出来，你的人生也许会由此揭开新的一页。

相信自己是最棒的

自信是所有成功人士必备的心理素质。没有自信心的人，做事总是忧虑重重，怕东怕西，最终一事无成。要知道，成功永远属于充满自信的人。

古希腊哲学家苏格拉底在风烛残年之际，知道自己时日不多了，就想考验和点化一下他平时看来很不错的助手。他把助手叫到床前说：“我的蜡烛所剩不多了，得找另一根蜡烛接着点下去，你明白我的意思吗？”

“明白，”那位助手说，“您的思想光辉是得很好地传承下去……”

“可是，”苏格拉底说，“我需要一位最优秀的传承者，他不但要有相当的智慧，还必须有坚定的信心和非凡的勇气……这样的人选直到目前我还未见到，你帮我寻找和发掘一位好吗？”

“好的，好的，”助手说，“我一定竭尽全力地去寻找。”

苏格拉底笑了笑，没再说什么。

那位忠诚而勤奋的助手，不辞辛劳地四处寻找。他领来了许多人，然而，苏格拉底都没看上。当助手再次无功而返，回到苏格拉底病床前时，苏格拉底已经病入膏肓了，他抚摩着那位助手的肩膀说：“真是辛苦你了，不过，你找来的那些人，其实还不如你……”

“我一定加倍努力，”助手恳切地说，“找遍城乡各地，找遍五湖四海，我也要把最优秀的人选挖掘出来，举荐给您。”

苏格拉底笑了笑，不再说话。

半年之后，苏格拉底眼看就要告别人世，最优秀的人还是没有找到。助手非常惭愧，泪流满面地坐在病床边，语气沉重地说：“我真对不起您，让您失望了！”

“失望的是我，对不起的却是你自己。”苏格拉底说到这里，很失望地闭上眼睛，“本来，最优秀的就是你自己，只是你不敢相信自己，才把自己给忽略、给耽误、给丢失了……其实，每个人都是最优秀的，差别就在于如何认识自己、如何发掘和重用自己……”

一个士兵骑马给拿破仑送信，在到达目的地之前猛然跌了一跤，那匹马就此一命呜呼。拿破仑接到信后，立刻写了回信，交给那个士兵，并吩咐士兵骑自己的马，迅速把回信送去。

那个士兵看到那匹强壮的骏马身上装饰得无比华丽，变得犹犹豫豫，拿破仑问他怎么了，他便对拿破仑说：“将军，我是一个平庸的士兵，实在不配骑这匹华美强壮的骏马！”

拿破仑回答道：“世上没有一样东西是法兰西士兵所不配享有的。”

任何时候都要记住，我们并不比谁卑微。每个生命在这个世界上都是同等尊贵的，别人拥有的种种幸福，我们也一样可以拥有，只要有信心，肯努力去追求，胜利最终会属于我们。

心灵悄悄话

世上没有完美的人，不要总是用别人的标准来衡量自己。纵观古今，没有一个成功者是缺乏自信心的。即使最初缺乏自信心，一次偶然的成功也会使他很快树立起自信心，随着自信心的增强，成功也会接踵而至。无数事实证明，成功的第一秘诀就是自信。

展现独一无二的自我

每一个人在这个世界上都是独一无二的，正如大树上的叶子一样，没有两片是完全相同的。而人具有的这种与众不同的特性，既可以表现在一个人的生理素质和心理素质上，也可以表现在一个人的社会阅历和人际关系上。与众不同的特殊性是一个人走向成功和自由的基础，人必须植根于自己的特殊性，忽视自己的特殊性或者故意抹杀自己的特殊性，是永远也不可能获得真正的成功和自由的。

尽管宇宙间美好的东西比比皆是，可是，不在烙上自己特殊性印记的那片土地上付出艰辛的人，终将一无所获。

有些人在生活和事业上循规蹈矩、谨小慎微，权威怎么说，他们也怎么说；众人怎么做，他们也怎么做。他们总是随波逐流，毫无主见，毫无个性，只知道跟着潮流跑，根本不管潮流的方向如何，也不在乎自己究竟能随大流跑出什么名堂。

有些人自惭形秽，对自己独特的存在价值缺乏信心，对自己的特殊性感到害羞和不安。他们总想成为别的什么人，而不是他们自己。他们总是羡慕别人，模仿别人，总希望自己长得像别人，吃得像别人，住得像别人，甚至连言谈举止、说话腔调都要效仿别人。

然而，要成为一个有价值的人、一个可以享受成功和自由的强者，就必须展现自己独特的存在，必须发掘自己的特殊性。在生存竞争激烈的新时代，不展示自己的独特性，不拿出点自己的绝活儿来，连生存都困难，更别谈发展和成功了。

卓别林在进入演艺圈的最初一段时间，煞费苦心地去模仿当时一个闻名遐迩的喜剧大师，结果自己始终默默无闻。后来，卓别林根据自己独有的特殊性创造出了自己的表演风格，这才使他成为有史以来最伟大的电影明星之一。

爱默生曾经说过："羡慕就是无知，模仿就是自杀。"无论是历史上，还是现实生活中，不知道有多少天赋非凡的模仿者，由于遗忘或者故意掩饰自己的特殊性，最终都一事无成，沦为追随他人的牺牲品。当然，模仿别人并不是完全不可以。有时候，模仿一些成功者的想法和做法是十分必要的。但是，除非根据自己的特殊性去模仿，在模仿的过程中融入一些真正属于自己的东西，否则，成功和自由是不可能的。

生命的意义在于创新的刺激，人生最重要的欢乐在于创造的欢乐。首先必须和别人干得不一样，然后才能比别人干得好；首先必须为这个世界带来一些新的东西，然后才能实现自己的成功和自由。

毋庸置疑，保持和发扬自己的特殊性并不是轻而易举的。在你的生活和工作中，总有一些人会对你与众不同的特殊性看不惯，他们可能会劝告你，也可能会指责你，甚至还会打击你。所以，在一些无关紧要的方面，你决不应该故意与众不同、标新立异；故意与别人不一样虽然会一时惹人注目，但却会为你真正的成功和自由埋下祸根。

心灵悄悄话

生活中，在次要的地方，你不妨从众，不妨做出一些妥协和让步，以减少那些不必要的麻烦；而在决定成败、决定前途和命运的关键时刻，务必像雄狮和苍鹰那样独立，坚持自己的独特性，高扬自己的特殊性，决不为任何外在的压力所折服。

战胜自己，战胜命运

正如哲人罗曼·罗兰所说："最强的对手，不一定是别人，而可能是我们自己；在征服世界之前，先得战胜自己。"只有对自己有了一颗宽容的心，才能够宽容别人，容忍别人。

人最大的对手就是自己，病痛是自己的对手，烦恼也是自己的对手。疾病既然是对手，就要治疗它，甚至"与病为友"；烦恼是对手，也要面对它，更要"转烦恼为静心"；自己也是对手，更要面对，更要"战胜自己，征服自己"。请看下面这个故事：

有一个小和尚什么事情都发愁。他之所以忧虑，是因为觉得自己太木讷了。他很担忧他会给别人留下不好的印象，他常常觉得自己的心不纯净，令他无法安心诵经……

最后，小和尚决定到九华山去旅行，希望换个环境能够对自己有所帮助。他上路之前，师父交给他一封信并告诉他，等到了九华山之后再打开看。小和尚到九华山后，觉得比在自己的庙里更难过。因此，他拆开了那封信，看看师父到底写的是什么。

师父在信上这样写道："徒儿，你现在离咱们的寺庙很远，但你并不觉得有什么不一样，对不对？我知道你不会觉得有什么不同，因为你还带着你的烦恼的根源——也就是你自己。无论你的身体或是你的精神，都应该没有什么毛病，因为并不是你所遇到的环境使你受到了挫折，而是由于你对各种情况的想象。总之，一个人心里想什么，他就会成为什么；当你了解了这点以后，就回来吧，你的病也自然会好的。”

师父的信使小和尚非常生气，他觉得自己需要的是同情，而不是教训。

有天晚上，他经过一座小庙，因为没有别的地方可去，小和尚就进去和一位老和尚聊天。老和尚反复强调的是：“最大的对手就是自己。能征服自己的人，强过攻城占地。”

小和尚坐在蒲团之上，聆听着老和尚的教诲，听到和他师父同样的想法。这样一来就把他脑子里所有的胡思乱想一扫而净了。

小和尚觉得，自己第一次能够很清楚而理智地思想，并发现自己真的是一个傻瓜——他曾想改变这个世界和全世界上所有的人——而唯一真正需要改变的，就是他自己。

第二天一大早，小和尚就收拾行囊回庙里去了。当晚，他就平静而愉快地读起了经书。

一个人的命运是由自我意识决定的，我们最强大的对手并不是来自外部，而是我们自己，我们必须认识到这一点。只有认清了这一点，才能以一颗包容的心，看待周围的一切人和事物。

有一个人总是感觉自己落魄、不得志，于是就有人向他推荐去找禅师寻求解脱的妙策。

他找到禅师，说明了自己的情况。禅师沉思良久，默然舀起一瓢水，问：“这水是什么形状？”

这人摇头：“水哪有什么形状？”

禅师不答，把水倒入了杯子。

这人恍然大悟地说：“我知道了，水的形状像杯子。”

禅师没有回答，又把杯子中的水倒入旁边的花瓶。

这人又说：“我知道了，水的形状像花瓶。”

禅师摇摇头，轻轻提起花瓶，把水倒入一个盛满沙土的盆中。清清的水便一下子融入沙土，不见了。

这人陷入了沉思。

禅师俯身抓起一把沙土，叹道：“看，水就这么消逝了，这也是一生！”

这个人对禅师的话咀嚼良久，最后他高兴地说：“我明白了，您是通过水告诉我，社会处处像一个个规则的容器，人应该像水一样，盛进什么样的容器就是什么形状。而且，人还极可能在一个规则的容器中消逝，就像这水一样，消逝得无影无踪，而且这一切都是无法改变的！”

“是这样。”禅师拈须，转而又说道，“又不是这样！”

说完，禅师出门，这人随后。在屋檐下，禅师蹲下身，用手在青石板的台阶上摸了一会儿，然后顿住。这人把手指伸向刚才禅师触摸过的地方，他感到有一个凹处。他迷惑，他不知道这本来平整的石阶上的“小窝”藏着什么玄机。

禅师说：“一到雨天，雨水就会从屋檐落下，而这个凹处就是水落下时长期击打造成的结果。”

此人大悟：“我明白了，人可能被装入规则的容器，但又像这小小的水滴，改变着坚硬的青石板，直到破坏容器。”

禅师说：“对，这个窝会变成一个洞！”

这个人答：“谢谢禅师，我找到答案了！”

禅师不语，用微笑和沉默与这个人对话。

禅师对这个人的启发，归根结底就是要让他明白：社会是有规则的，或者说是以固定的形态出现的，但是人却可以随时改变形态以适应社会，说得更简单一些就是要善于改变自己。对于社会而言，也许我们每个人都像是一滴水，既然这样我们就要像水适应容器一样来适应社会。如果你总是特立独行于社会之上，你就很难得到别人的接纳。那么，想改变世界，成就一番伟业，也只能是天方夜谭。

生活中的许多人都存在着缺陷，有些人因此而自暴自弃，最终被竞争所淘汰。但有些人并非如此，他们把这些缺陷变成自身的特点，从而克服困难，独辟蹊径，他们在征服世界之前，成功地战胜了自己，为以后的成功做了充足的准备。

其实，人与人之间本来只有很小的差异，但就是这些很小的差异，造成了彼此之间遥远的距离。也决定了一个人一生的成功、幸福，或者是平庸、不幸。对于这一点，下面故事中的这位球员深有体会。

有一个人自幼酷爱足球运动，很早就显示出了其超人的才华。有一次，他参加了一场足球赛，中场休息时，向朋友要了一支烟吸起来，恰巧被他父亲看到了。但是，父亲并没有发火，而是平静地说："孩子，你踢球有几分天资，也许将来会有出息。可惜，你现在抽烟了，抽烟会使你在比赛时发挥不出应有的水平。作为父亲，我有责任教育你向好的方向努力，也有责任制止你的不良行为。但是，所有的决定还是取决于你自己。我只想问问你，你是愿意抽烟，还是愿意做一个有出息的运动员？你自己选择吧！"

说着，父亲从口袋里掏出一沓钞票，递给他，并说道："如果你不愿意做一个有出息的运动员，执意要抽烟的话，这点钱就作为你抽烟的钱吧！"父亲说完便走了出去。

这位球员望着父亲远去的背影，仔细回味着父亲的话语。最后，他把钞票还给了父亲，并坚决地说："爸爸，我再也不抽烟了，我一定要做一个有出息的运动员。"

从此以后，这位球员不但与烟无缘，还刻苦训练，球艺飞速提高，成为了著名的球星。

人只有真正地认识自我、相信自我，才会把命运当作自己的对手，他需要这样的对手来证明自己的力量。而相信命运的人，常常会把命运当成救命稻草，因为他觉得自己可怜。结果呢？一个人，两种迥然不同的结局。的确，相信自己而不相信命运的人，往往会奋发图强，兢兢业业，大有作为。反过来，相信一切都是命运安排而不相信自己的人，则一定会故步自封，悲天悯人，一事无成。

心灵悄悄话

每个人都会存在这样或那样的缺点，但这些缺点却不足以撼动一个人对于自我、他人及诸事万物的包容！我们总是会遇到这样或那样的事情，没有人可以避免！但是“包容的伟大不仅仅在于一个人境界上的超脱，更是这个社会一步步走向光明的阶梯”，放弃了包容，也就放弃了自己在这个社会生存的价值！

不卑不亢做好自己

发掘自己的优点并给自己设定目标去努力，做好了信心就有了，做不好也学到了新的人生经验，会让你在以后的人生路上走得更坚定。

常听到别人说："我很不自信，我常觉得自卑。"这样一讲，就已显得底气不足，如果再面临强大的对手，那就只有落荒而逃的份儿。不自信，常常是一个人的心理在作祟，还没有进行尝试，就说自己不行，就算给他机会，他也无法漂亮地完成任务。

一个自信的人，他是不会承认对手的强大的，他更不会说："我不自信！"相反，他常会说："我是最好的！我是最棒的！我是最优秀的！"久而久之，他真的成了最好、最棒、最优秀的了！因为他以此为目标，不断地朝着这个目标前进，所以，他才不会回头，更不会犹豫和退缩。

不要总是自认卑微，尽管你职务不高，薪水不多，可是，离开了工作岗位，你和别人一样，都是平等的，没有什么不同。对任何人，都应该用一样的态度，而不必谄媚，不必刻意讨好，你就是你，你不比任何人矮一截，大家在人格上都是平等的。

一个人贫穷点没关系，地位低些也没关系。这些都是外在的，是可以凭自己的努力改变的，或者说得极端些，不改变又怎么样呢？各人有各人的生活，只要不妨碍别人，不对不起别人，穷些苦些又怎么样呢？但如果一个人自轻自贱，那就麻烦了，那就没有救了。一个自轻自贱的人，就算你的地位怎么高，财富怎么多，人家仍会觉得你有缺陷，仍会觉得你需要改变。当我们说一个人没有出息的时候，主要不是说他没有做出成就，没有成家立业什么的，而是指那个人自轻自贱，自己看不起自己，自己打自己耳光，自己不给自己脸面。

而自轻自贱的孪生兄弟，就是自卑。奥地利心理学家奥威尔在《自卑与人生》中说："自轻自贱的人，必定是自卑的人；或者说，自卑的人，必定是自轻自贱的人。"自卑就是拿别人的优点和自己的缺点做比较时得到的那种感觉，是一种自己感觉低人一等的惭愧、羞怯、畏缩，甚至灰心丧气的情绪。有自卑感的人，常常轻视自己，总认为自己无法赶上别人，并因此而苦恼。

一个好端端的人，为什么会自卑，会自轻自贱呢？美国心理学家的研究表明，儿童时期如果各项活动取得成绩而得到老师、家长及同伴的认可、支持和赞许，便会增强他们的自信心、求知欲，内心获得一种快乐和满足，就会养成一种勤奋好学的良好习惯。相反，他们会产生一种受挫感和自卑感。这就是说，自卑感的形成主要是社会环境长期影响的结果。有一则这样的故事：

一位高考失利的青年，感到十分失意，就骑着自行车在大堤上乱逛，一不留神，车子歪了下去，险些撞着坐在堤下的一个老人。在向老人表示了歉意后，他没马上走，而是坐在老人身边。那是春天的一个上午，阳光明媚，清风徐来。草绿了，花开了，那些花儿，在远远近近的绿草间像星星一样闪烁。无数老人、孩子在草里徜徉，花里漫步，也像春天的阳光一样灿烂。只有这位青年例外。

那时候，失意就像春天的草一样在他思想里蓬蓬勃勃。很久以来，他看见一片落叶，便伤感，觉得自己也是一片落叶；他看见一片落花，也伤感，觉得自己是一片落花；看见流水，还是伤感，觉得自己的生命就在这平平淡淡中像水一样流逝了。

老人看出了他的失意，跟他说起话来，老人说："年轻人，怎么这样无精打采呢？"他当时手里正缠着一根草，在老人问过后，他举了举那根草说："我这辈子将像这根草一样平凡。"老人没作声，只是静静地看着他。在老人的注视下他说了起来，他说："我是一个很不幸的人，初中时因一场病休学一年。此后，学习成绩一直很差，勉强读了高中后，又没考上大学。"他又说："一个人连大学都没上过，毫无疑问是一个平凡的人，我这一辈子将在平凡中度过。但我不甘心，也不想成为一个平凡的人，我从小就立下志愿，一定要让自己的人生辉煌。"说到这里，他流泪了，他心里装不下太多的失意，那些失意像汹涌的洪水，终于找到了决口。

这时老人开口了，老人说："你知道你手里拿的是什么草吗？""不知道。""它是蒲公英。""这就是蒲公英吗？我常在诗人笔下见到它，可它也很普通呀。"他说。"你没看见它开着花吗？""看见了，一种小花，毫不起眼。""是不起眼，但它也可以辉煌。""在诗人的笔下？""不。"老人摇了摇头，注视着他。

过了一会儿，老人站了起来，跟他说："我带你去看一个地方吧。"他听从了老人的话，也站了起来。随后，他跟着老人沿着那条堤往远处走去。大约二十几分钟后，他看见了一个足以让他一生都为之震撼的景致：那是一块很大很大的河滩，有几十亩甚至上百亩大，整个河滩上全是蒲公英，无边无际。蒲公英开花了，那些毫不起眼的黄黄白白的小花，在阳光下泛着粼粼波光，那样美，那样烂漫，那样妖娆，那样蔚为壮观、炫目辉煌。一朵小花，也可以这样辉煌吗？他们再没说话，就那样伫立着，起风了，花儿轻轻地向他涌来。他心里一下子飘满了那些美丽的蒲公英，忽然觉得自己也是一朵蒲公英了！

从那以后，那漫无边际的蒲公英一直在他眼里烂漫着，他仿佛从那里看见了自己。他同时也深深懂得了平凡的人生也可能充满着不平凡的道理。

人的成才道路是相当宽广的，每个人都可以选择一条适合自己的路。当你取得了一定成功之后，还会继续发现自己有不如他人之处。

所以，时时知不足是有利于促进自己进步的。但若老是自卑不已，悲观泄气，则是有害无益的。

当然，最重要的是能够进行正确的自我估价。俗话说，“尺有所短，寸有所长”。每个人都有长处与短处。如果只看短处不看长处，或者夸大短处缩小长处，则会形成自卑感。苛求自己没有短处，这是不可能的。有时，某些短处甚至还很难弥补，如身体的缺陷便是如此。积极的态度是扬长避短，以“长”补“短”。这一方面不行，也许另一方面比别人强。例如，盲人阿炳，虽然失去视觉，但却拉得一手好二胡，他不就是靠听觉和触觉来体验、创造生活的吗？当认识到自己的短处时，可以设法弥补，或选择更适合于自己的途径发挥自己的长处，自卑的心理也就没有立足之地了。

心灵悄悄话

对于人生来说，一种充实有益的生活，本质并不是竞争性的。不必把夺取第一看得高于一切，它只是个人对自我发展和幸福美好生活的追求而已。

掌控自己的情绪

1965年9月7日，世界台球冠军争夺赛在美国纽约举行。刘易斯·福克斯以绝对优势将其他选手甩到身后。决赛时也非常顺利，已经胜利在望了，只要再得几分他便可以稳拿冠军了。可是，就在这时，一只苍蝇落在了主球上，于是他赶忙挥手将苍蝇赶走了。可是，当他再次俯身准备击球的时候，那只苍蝇又落到了主球上，这时，刘易斯·福克斯的情绪发生了一些变化，他开始因这只讨厌的苍蝇不断落到主球上而生气。更让他生气的是，那只苍蝇仿佛是有意要与他作对，只要他一回到球台准备击球，那只苍蝇就会重新落到主球上来。这时，刘易斯·福克斯的情绪恶劣到了极点，他终于失去理智，难以抑制的愤怒使得他突然用球杆去击打苍蝇，结果球杆触动了主球，裁判判他击球，他也因此失去了一轮机会。经过这一番折腾，刘易斯·福克斯一下子方寸大乱，在后来的比赛中连连失利，而他的对手约翰·迪瑞却愈战愈勇，迅速赶了上来并将其超越，最终赢了这场比赛。第二天早上，人们在河里发现了刘易斯·福克斯的尸体，他投河自杀了！

一名所向无敌的世界冠军居然被一只小小的苍蝇打败！这显然有些不可思议。其实，在很多人看来，刘易斯·福克斯当时完全没有必要去管那只苍蝇的事情，随它去好了。一个在台球方面具备如此造诣的选手应该明白，一只苍蝇落到主球上几乎不会影响击球，但是就是因为一时的冲动，他输掉了比赛，这显然是得不偿失的。其实这还不是关键，这次失败了，下次还可以再来，情绪失控了一次，下次就应该控制。然而，这位世界冠军却没有做到这一点。在因一次不理智的行为造成严重后果后，他不是去考虑如何控制自己的情绪，而是再一次以一种更加不理智的行为来把悲剧上演——自杀。

每一个人都应努力做自己情绪的主人，都应在至关重要的时刻保持理智。即使当时没能左右自己的情绪，也应努力使自己在最短的时间内恢复理智，这样才能把损失降到最低。

我们都是社会上的人，不可能单独存活于世上，在生活上必然有外界的变化影响着我们。比如，他人的言行举止，自然环境的冷暖变化，客观事物的更替，等等。倘若我们不能以平静的心态来对待，就很难收获轻松与快乐。

从情绪方面来划分，人的性情大致可以分为两大类：理智型和感情用事型。理智型的人是情商很高的人，在所有的事情面前都能够做到冷静沉着，三思而后行，他们能够控制自己的情绪；感情用事型的人是情商相对较低的人，在面对外界的影响时，他们往往随性而为，不计后果。

大部分人很容易相信一个笼统的、一般性的人格描述。他们常常会觉得那样的字里行间所讲述的正是自己这样的人，其实不然。一些星座、属相等方面的测验，其结果都是一些一般性的模糊的话，符合每个人的平均心理，让你认为很像自己。正如一位名叫菲尼亚斯·泰勒·巴纳姆的著名杂技师对自己的表演作出的评价，他说他的表演之所以能够受到大家的欢迎，就是因为他所表演的节目中包含了每个人都喜欢的成分，从而使得“每一分钟都有人上当受骗”。因此，心理学家便将这种倾向于相信笼统性描述的心理特征命名为“巴纳姆效应”。

由于巴纳姆效应具有笼统性和一般性的特点，因此使得很多描述似是而非，从而影响人们的真实判断。一旦判断出现了偏差，就很容易导致人情绪失控。而情绪失控的后果我们是知道的，所谓“冲动是魔鬼”，这个“魔鬼”会阻碍你成功，会掠夺你的快乐……因此，我们必须要打破“巴纳姆效应”，做自己情绪的主人。这就需要我们调整自己的心态，时刻以平常心去面对眼前发生的一切。

如果有人对你恶言相加，不要马上去反击，试试做几个深呼吸，在心里告诫自己不要冲动，要三思而后行，或者尝试着用数数法，在心里默默地从一数到十，让自己慢慢平静下来，告诉自己生气是拿别人的错误惩罚自己，当你想通了，就不会再有那么大的情绪波动，也就不会受他人的影响了。

情绪是自己的，何必让别人来左右呢？快乐是自己的，何必让别人来掌控呢？生活在别人的眼光中是很累的。生活是自己的，何必那么在意别人的看法呢？人生不如意十之八九，倘若斤斤计较，便永远得不到平和。不如学着多一点豁达，多一分宽容，多一些理性。让愤怒、忧郁像滴落在旱地上的一滴水，瞬间蒸发。

心灵悄悄话

客观认识自己。自我认知能力提高了，对外界事物的认知能力自然也会跟着提高，从而使自身减少情绪化，增强理智性。这就好比在头脑中装上了一个控制情绪活动的“阀门”，让情绪活动听从理智和意志的节制，而绝对不能任其自流。凡是能有效地节制情绪的人，也就能基本保持情绪的平静和稳定，这是取得成功的关键。

表现自己的个性

有位美国记者采访晚年的投资银行业一代宗师 J. P. 摩根，问："决定你成功的条件是什么？"

摩根毫不掩饰地说："个性。"

记者又问："资本和资金哪个更为重要？"

摩根答道："资本比资金重要，但最重要的是个性。"

的确，翻开摩根的奋斗史，无论是他成功地在欧洲发行美国公债，慧眼识中无名小卒的建议大搞钢铁托拉斯计划，还是力排众议，甚至冒着生命危险推行全国铁路联合，都归功于他那倔强和敢于创新的性格，如果排除这一条，恐怕有再多的资本也无法开创投资银行这一具有伟大开创性意义的事业。

摩根告诉我们，在这个世界上，每个人都是独一无二的。

既然你是世上独一无二的，你就应该把自己的禀赋都发挥出来，无论是好是坏，你都得弹起生命中的琴弦。

你无须按照别人的眼光和标准来评判甚至约束自己，做个真正的自我，这才是最重要的。

道格拉斯·玛拉赫曾经用一首诗表达自己在这方面的看法：如果你不能成为山顶上的高松，那就当棵山谷里的小树吧，一定要当棵溪边最好的小树；如果你不能成为一棵大树，那就当丛小灌木；如果你不能成为一丛小灌木，那就当一片小草地；如果你不能是一只麝香鹿，那就当尾小鲈鱼——但要当湖里最活泼的小鲈鱼。

李扬是中国著名的配音演员，出生于20世纪70年代末80年代初的青年人应该都还记得他。可是你知道他的过去吗?

初中毕业后，李扬参了军，在部队当一名工程兵，工作内容主要是挖土、打坑道。但李扬却坚信自己在影视艺术方面有潜力。于是他抓紧时间，博览众多的著名剧本，并且尝试着搞些创作。退伍后李扬成了一名普通工人，但是他仍坚持自己的目标。没有多久，大学恢复招生考试，李扬考上了北京工业大学机械系，成为一名大学生。从此，他发掘自己身上的宝藏的机会和工具都一下子多了起来。经过不懈的努力，李扬在短短的五年中参加了数部外国影片的译制录音工作。1986年初，他迎来了自己事业中的辉煌时刻——风靡世界的美国动画片《米老鼠和唐老鸭》招聘汉语配音演员，风格独特的李扬一下子被迪斯尼公司相中，让他为可爱滑稽的唐老鸭配音，从此一举成名。

罗莎琳·苏斯曼·雅洛在10多岁时，读了《居里夫人传》，便认定居里夫人的路就是自己要走的路。这一想法，在周围人看来简直是天方夜谭。在她高中毕业时，母亲希望她当小学教师；大学毕业时，父亲希望她去当中学教师。但是她说：“居里夫人也是女人，她做出了许多男人做不到的事，我相信自己也能像她那样度过一生。”而且，她还保证：自己不仅要成为一个居里夫人那样的大科学家，也要成为一个好妻子、好母亲。最终，她实现了诺言，不仅成为1977年诺贝尔生理学及医学奖获得者，而且是一位有名的贤妻良母。

李扬、罗莎琳·苏斯曼·雅洛之所以能够成功，就是因为他们一直没有停止张扬自己的个性，即使是在艰苦的环境中，也为自己心中的那个梦想而努力着。

恩格斯曾说过：发展和表现自己是生活的基本需要之一，正是人类不断地表现自己，才推动了社会的进步。

自知

展现个性自我，使自己的才能为世人所发现，才能为人所重用，有所作为。韩愈说：“千里马常有，伯乐不常有。”其实，即使是千里马，如果不志在千里，不去积极地表现自己，又怎么能被伯乐所发现呢？长时间下去，恐怕就要由“千里马”变成“卧槽马”了。

展现个性自我，才能使你的抱负变成现实。古人弹铗而歌无鱼无车，是表现自己，结果利国利民千古流芳。试想，一个人如果空有凌云壮志，却畏首畏尾，不敢表现自己，又如何能“直挂云帆”呢？

心灵悄悄话

鹰击长空，是表现自己，但却要先练习飞翔；虎啸深山，是表现自己，但却要先强身健体；人类要表现自己，则要先战胜自己，给自己勇气。因为一旦有人表现自己，其他一部分人就会产生这样那样的想法，那么方方面面的压力也就随之而来。

挖掘自己无限的潜力

人的潜能是无限的，不可估量的。生活中只要我们悉心挖掘自己的潜力，那么许多想象不到的奇迹都会在我们的努力之下成为现实。下面是两则故事：

一、一位少妇因车祸导致脑损伤，昏迷了两个月，该用的药都用了，该想的办法都试了，但毫无效果。很多医生论断，她成了一个植物人。但神经外科主任想做最后一次努力：每天在病人床头播放几次病人2岁女儿的哭声和她对妈妈的呼唤。一周后，奇迹出现了，这位少妇从昏迷中苏醒，并逐渐恢复了健康。

二、古时有个囚犯罪恶滔天，杀了一家五口，被判处了死刑。县官判他血债血偿，告知他将被以放尽血液的方式处死。当行刑时，死囚被带到一间隔音的房间里，捆绑在床上，蒙上眼睛，衙役用针头刺入他的手臂（并没有刺入血管），然后打开床下的滴水器，让他听到"滴答、滴答"的滴"血"声，使他自以为是血液在一滴滴地流出。半天过后，死囚的心脏停止了跳动。

这些都是暗示的结果，也可谓生命的奇迹。前者由于女儿呼唤声的暗示而产生了强烈的求生欲望；后者由于恐惧使肾上腺急剧分泌，心血管发生障碍，心功能坏死而导致死亡。由此而知，暗示对一个人的事业、婚姻、健康等均有控制性的影响。

一个人若总是进行积极的自我暗示并开发自己的巨大潜能，就能获得超群的智慧和强大的精神力量，从而获得成功。露皮塔的故事就是最好的例证。

露皮塔从小智力就很差，先是降级，被列入反应迟钝者之列，后来又被退学。她 18 岁就嫁了人，婚后生了两男一女，后来她的两个儿子被诊断为低能儿，这使她难以忍受。她决心要帮助孩子，首先自己给孩子做个好榜样，从求学做起！

她到两年制的得克萨斯南方学院去学习，同时还兼顾家务，每天两头忙。全家都赞同她的新追求，但又担心要不了多久，她就会离开学校重新做家庭主妇。

但事实并不像她家人想象的那样。到第一学年末，露皮塔惊奇地发现：自己的能力并不比别人差，自己完全有能力做得更好。于是，她除了继续在南方学院学习，又在泛美大学报了课程。三年后，她取得了初级学院学位，还以优异的成绩取得了泛美大学的理科学士学位。

孩子们发现他们的母亲与众不同，因为一般美籍墨西哥母亲都不上大学。所以孩子们非常敬佩母亲。在母亲的鼓励下，孩子们各方面的能力也提高得很快，两个儿子的学习成绩一天天地提高，自信心不断增强，后来他们转到了正常班级学习。

1971 年，露皮塔被授予文学硕士学位，又担任了豪斯登大学墨西哥美国文化研究所的理事。新的工作又促使她去攻读行政管理的博士学位，并在学习工作之余在大学任教，每周还给基督教女青年夜校上两次课，但她从未忘记她的孩子们。

她总是挤出时间赶回家关心孩子们的学习，到学校参加家长会，观看孩子们参加的所有体育比赛。在她的悉心关怀和引导下，三个孩子都取得了骄人的成绩。

这个真实的故事说明：要想获得成功，首先得相信自己，并把自己的潜能发挥到最大限度，不要因为自身的某些弱点就轻易放弃，只有这样，你才能获得成功。

海伦·凯勒曾说过：“当你感受到生活中有一股力量驱使你飞翔时，你是绝不应该爬行的！”张海迪也鼓舞人们：“只要你抬起头来，新的生活就在前头！”一个人要想成功只能靠自己。

心灵悄悄话

出身显贵、条件优越、智能超常、机遇幸运、环境如意等所谓有利因素，这些是靠不住的，甚至连身强力壮、被人理解和支持这些十分必要的条件也不够充分。那么，自己究竟靠什么？对那些有着来自上司、客户、老师、父母或子女的压力的人，给他们一个笑容，帮助他们树立一种信心：一切都是有希望的。

不要跟自己过不去

别跟自己过不去，是一种精神的超脱，它会促使我们从容地走自己选择的路，做自己喜欢的事。太多的人悲叹生命的有限和生活的艰辛，却只有极少数人能在有限的生命中活出自己的快乐。一个人快乐与否，主要取决于什么呢？主要取决于一种心态，特别是如何善待自己的一种心态。

生活中苦恼总是有的，有时人生的苦恼，不在于自己获得多少，拥有多少，而是因为自己想得到更多。人有时想得到的太多，而自己的能力却很难达到，所以便感到失望与不满。然后，人们就自己折磨自己，说自己“太笨”“不争气”，等等，就这样经常自己和自己过不去，与自己较劲。其实，静下心来仔细想想，生活中的许多事情，并不是你的能力不强，恰恰是因为你的愿望不切实际。我们要相信自己的天赋和具有做种种事情的才能，当然，相信自己的能力并不是强求自己去做一些能力做不到的事情。事实上，世间任何事情都有一个限度，超过了这个限度，好多事情都可能是极其荒谬的。我们应时常肯定自己，尽力发展我们能够发展的东西，剩下的，就安心交给老天。只要尽心尽力，积极地朝着更高的目标迈进，心中自然就会存着一份悠然自得。从而，也不会再跟自己过不去，责备、怨恨自己了，因为，我们尽力了。即便在生命结束的时候，我们也能问心无愧地说：“我已经尽了最大的努力。”那么，你真正的此生无憾了。

所以，凡事别跟自己过不去，要知道，每个人都有或这或那的缺陷，世界上没有完美的人。这样想来，不是为自己开脱，而是使心灵不会被挤压得支离破碎，永远保持对生活的美好认识和执着追求。别跟自己过不去，是一种精神的解脱，它会促使我们从容走自己选择的路，做自己喜欢的事。

真的，假如我们不痛快，要学会原谅自己，这样心里就会少一点阴影。这既是对自己的爱护，又是对生命的珍惜。

有人问古希腊大学问家安提司泰尼:“你从哲学中获得了什么呢?”他回答说:“同自己谈话的能力。”同自己谈话，就是发现自己，发现另一个更加真实的自己。

法国大文豪雨果曾经说过：“人生由一连串无聊的符号组成。”的确，我们生活中的大多数时光都在很普通的日子里度过，有时，看似很正常的生活，感受上却似走进生活的误区。有点儿浑噩，有点儿疲惫，有点儿茫然，有点儿怨恨，有点儿期盼，有点儿幻想，总之，就是被一些莫名其妙的情绪、感受占据了内心，而懒得去理清。

我们总是在冥冥之中希望有一个天底下最了解自己的人，能够在大千世界中坐下来静静倾听自己心灵的诉说，能够在熙熙攘攘的人群中为我们开辟一方心灵的净土。可芸芸众生，“万般心事付瑶琴，弦断有谁听?”

其实，我们自己不就是自己最好的知音吗？世界上还有谁能比自己更了解自己呢？还有谁能比自己更能替自己保守秘密呢？朋友，当你烦躁、无聊的时候，不妨和自己对对话，让心灵进入自己的灵魂中，使自己与自己亲密接触，静下心来聆听来自心灵的声音，问问自己：我为何烦恼？为何不快？满意现在的生活吗？我的待人处世错在哪里？我是不是还要追求工作上的成就？我要的是自己现在这个样子吗？生命如果这样走完，我会不会有遗憾？我让生活压垮或埋没了没有？人生至此，我得到了什么、失去了什么？我还想追求什么？……

这样，在自己的天地里，你可以慢慢修复自己受伤的尊严，可以毫无顾忌地“得意”，可以一丝不挂地剖析自己。你还可以说服自己、感动自己、征服自己。有位作家说的一段话很有道理："自己把自己说服，是一种理智的胜利；自己被自己感动了，是一种心灵的升华；自己把自己征服了，是一种人生的成熟。"把自己说服了、感动了、征服了，人生还有什么样的挫折、痛苦、不幸不能被我们征服呢？

心灵悄悄话

开阔而清静的心灵空间是美好生活的一部分。相信我们每个人内心中都有一个这样的心灵避风港。当我们在人生的旅途中走得累了、烦了的时候，不妨走进自己营造的心灵小屋，安静下来，把琐碎的事情、生活的烦扰暂时抛到九霄云外，静静地倾听自己心灵的声音！

为自己的命运做主

艾富雷德·佛勒出生在美国波士顿郊外的农村，父母都是老实巴交的农民。他们是一个“多子多福”的大家庭，兄弟姐妹多达12人，他排在第11位。

小时候，佛勒就很机灵，一点也不安分守己，既不用心学习，也不愿意好好干农活，因此父母一提到他就只能摇头叹息。

佛勒勉勉强强混了个中学毕业，由于实在忍受不了农村的日子，就一个人到波士顿去闯天下，那年他才18岁。

到了波士顿，佛勒才发现原来自己“什么也不是”，要技术没技术，要特长没特长，年龄偏小，没有经验……

不过他有很强的适应能力，大脑很机灵，他马上变成了另外一个人：“自己已经21岁”“开过汽车”“擦过5年玻璃窗”等。

他就凭着这些勉勉强强混口饭吃。

可是雇主们不全是傻子，那些相信他的话而雇用了他的雇主经过试用或从其他渠道得知他并非像他自己所描绘的那样，立即毫不留情地把他“扫地出门”……

生活是人生的教科书，佛勒很快就明白了靠编造谎言在社会上是站不住脚的。他根据自己的实际情况，去寻找像售货员之类的自己力所能及的工作。但是生活总是在“折磨”他，什么事情都干不长久——不是他不满意死板老套的做法而“炒了老板的鱿鱼”，就是老板不满意他一天到晚都那么多鬼点子而“炒了他的鱿鱼”。

经过一段时间，他对自己的打工生涯失望了。后来他回忆说：

"那个时候，我逐渐发现，除了自己当老板，我什么事情都不可能干得太久。"

一天，佛勒在办事的时候发现一家小工厂门前扔了一堆破旧的扫帚、拖把、刷子之类的小用具，这是每个家庭、每个工厂都离不开的，如果波士顿每一户人家我都卖一把刷子给他们，那我很快就可以成为富翁了……

凡是获得成功的人都有一个特点——"说干就干"。很快，他背起了一捆捆扫帚、一扎扎的刷子，穿街过巷，每家每户地推销这些批发来的小商品。

万事开头难——他好不容易敲开了两家人的门，可是还没有等他开口说话，他就被开门人很厌恶地打发走了。他没有气馁，很快又敲开了第三家的门。这家的主妇此时正在吃力地搬动一只大花盆，他急忙放下自己肩上的东西，跑上前去帮她一把。

这位家庭主妇是一位很慈祥、很亲切的中年妇女，得知佛勒的来意后，说道："孩子，难为你了，你给我们家庭主妇带来了方便。"

就这样，佛勒做成了一生中的第一笔生意：8 美分卖掉了一把小刷子……

他的事业就这样开始了。

他头脑灵活，服务热情，把顾客真的当成了"上帝"，不到一年工夫，他存在银行里的钱已将近 400 美元——在当时，这区区 400 美元已经是一大笔财产了。从此，佛勒俨然成了一个老板，成了事业的主人。

佛勒是一个很不安分守己的人，他在想如何挣到更多的钱。我为什么要到批发商那里去进货呢？我的钱为什么给他赚？生产扫帚、刷子什么的，有什么难的？

他的决心已定，但是他还要进行一番市场调查：批发商很多本身就是小作坊主，自己生产扫帚、刷子，自己推销。佛勒观察了他们的生产过程，发现原来很简单，过程也不复杂。

他想："为什么我不能学会自己生产刷子？我从他们手里批发刷子，其实他们是赚了钱的，为什么我不自己赚这笔钱呢？"

主意一定，他马上就自己动手生产刷子。他利用姐姐家的一个空地窖做厂房，买来了一些必要的设备，废寝忘食地设计起制刷机。经过一段时间的努力，终于成功地"发明"一台手摇制刷机。

从那个时候起，晚上他就借着昏暗的煤油灯光，在地窖里生产各种新式样的刷子，白天他就背上刷子挨家挨户去销售——由于都是老主顾，销售起来轻松得很。产销一条龙的好处在于可以时时刻刻根据顾客的需要生产产品。他很注意询问顾客的意见，有什么特殊要求就一一记录下来。回到工厂之后就根据这些意见和要求改进原来的产品或生产新品种……

佛勒平均每周的收入上升到了500美元。

生意是永远都不会做完的，就看你自己了。

经过一段时间，佛勒认为波士顿的生意已经做得差不多了，他就大胆地把他的"分厂"办到了另外一个城市哈特福。这回没有姐姐的地窖可以白用了，他也没有必要白用别人的地盘了，因为他已经有钱了：他租了一个旧车库做工厂，雇了一个工人开机器，自己则把全部时间放在销售产品上。一年后，他的营业额已上升到每周2000美元。

佛勒心里想的是不断扩大他的事业：大规模生产，生产大量各式各样的刷子，但这些并不是一个人可以办得到的事情，于是他又聘请很多工人和销售员，新的客户不断增加，几乎在每个城市佛勒都开展了自己的业务。

佛勒的事业蒸蒸日上，许多厂商也害了红眼病，很快东施效颦，纷纷生产廉价的刷子出售，企图抢占佛勒的市场份额。但是这些人生产的产品质量比不上佛勒的，并且佛勒的产品已赢得了顾客的信任，竞争的结果是，佛勒处于不败之地。

佛勒已经看到他面临的竞争，就大胆地把目光从一般百姓身上移到了军方身上。

自知

第二次世界大战初期，佛勒发现美国士兵仍在用布条擦枪，这种方式既费时又不省力。他精心设计了一种擦枪的刷子，找到军方有关人士说：他这种特制擦枪的刷子，可以把枪擦得又快又好。

军方接受了他的建议，同他的公司签订了3400万把刷子的合同。

有了这份合同，佛勒得到了一大笔钱，更加奠定了他刷子大王的地位。

佛勒从“最好自己当老板”开始，经历了看见刷子——推销刷子——自己制造刷子这个过程，靠的就是智慧、努力、胆量，更主要的是他拿定了自己的主意。

心灵悄悄话

管不住自己的人，就要受到别人的管理。要想让自己不任人摆布，不任人役使，就必须努力打拼，努力锻造自己的能力，争取一份属于自己的事。只有这样，你才会撑起一片天，占得一块地，打开一条路。

成就自己的美丽

有个国王清早到花园散步，惊讶地发现所有的花都枯萎凋谢了，探问之下才知道：橡树抱怨自己没有松树高大俊秀，自卑不已；松树又恨自己不能像葡萄那样多结果子，不想活了……所有的植物都因为自己有不如人的地方，郁闷不已，整个花园全无生机。而在花园的某个角落，却有一株小小的安心草，在暮气中开着灿烂的花朵。国王欣喜地问它为何可以如此？

它说："因为我知道你种我，就是要我做安心草。所以，我就快乐地做好我自己。"

生活，其实就是这么简单，做一株安心草，做好你自己，就已经足够。

有一个年轻人，希望能够做出一番自己的成就来。开始，他也尝试着鼓足勇气去做每一件事情。但是，渐渐地他就对自己失去了信心，结果一事无成，因此，他感到很自卑。

他去拜访了一位成功的长者。他希望从那位长者那里获得一些成功的启示。在见面之后，他问了长者这么一个问题："为什么别人努力的结果总会成功，而我努力的结果却那么糟糕呢？"

长者微笑着摇了摇头，反问他："如果，现在我送你'芳香'两个字，你首先会想到什么呢？"思忖了一会儿，年轻人回答说："我会想到糕点，虽然我开办不久的糕点店已在前些日子停业了，但是我仍会想到那些芳香四溢的糕点。"

长者点了点头，然后，便带他去拜访一位动物学家朋友。在见面后，长者问了对方一个相同的问题。

动物学家回答道：“这两个字，首先会使我想到眼下正在研究的课题——在自然界里，有不少奇怪的动物，利用身体散发出的芳香做诱饵，捕捉食物。”

之后，长者又带他去拜访一位画家朋友，也问了对方这么一个问题。画家回答道：“这两个字，会使我联想到百花争艳的野外，还有翩翩起舞的少女。芳香，能够给我的创作带来灵感。”

从那位画家朋友家中出来之后，年轻人仍不明白长者的用意。

在返回的途中，长者顺便又带他去拜访了一位久居海外、刚刚回国探亲的富商。在谈话中，长者也问了对方同样一个问题。

那位久居海外的富商动情地说：“这两个字，会使我联想起故乡的土地。故乡土地的芳香，令我魂牵梦绕。”

辞别那位富商之后，长者才问那个年轻人：“现在，你已经见过不少出色的人物了。那么，他们对‘芳香’的认识与你相同吗？”

年轻人仍不解地摇了摇头。

长者继续问道：“那他们对‘芳香’的认识，有相同的吗？”

年轻人又摇了摇头。此时，长者笑了，然后意味深长地说：“其实在生活中，每一个人都有与众不同的芳香，你也一样呀，拥有自己的芳香。为什么你现在做的不像别人那么出色呢？那是因为你只是在看别人如何欣赏他们自己的芳香，而你把自己的芳香给忽视了。”

任凭世事纷纭，你都要好好把握你自己，千万别忽视了自己的芳香。很多时候，不用想得太多，你只要走属于你的道路，做好你自己就行了。

有一个没有工作的人到微软应聘一份清洁工的工作。在经过面试和清洁试工以后，人事部门告诉他被录取了，向他要 E－mail，以寄发录取通知和其他文件。他说：“我没有电脑，更别提 E－mail 了。”

人事部门告诉他：“对微软来说，没有 E - mail 的人等于不存在的人，所以微软不能用你。”

他很失望地离开微软，口袋里只有几美元。他只好到便利商店买了 10 公斤的马铃薯，挨家挨户地转手卖出。两个钟头后马铃薯卖光了，获利 40 美元。接下来他又做了好几次生意，把本钱增加了一倍。他发现这样可以挣钱养活自己，于是，认真地做起这种生意来。

凭借个人努力和一些运气，他的生意越做越大，还买了车，增加了人手。五年内，他建立了一个很大的“挨家挨户”的贩售公司，提供人们只要在自家门口就可以买到新鲜蔬果的服务。最后，他成为百万富翁。他考虑到为家人规划未来，于是计划买一份保险。签约时，业务员向他要 E - Mail。他再次说出：“我没有计算机，更别提 E - mail 了。”

业务员很惊讶：“您有这样一个大公司，却没有 E - mail。想想看如果你有计算机和 E - Mail 的话，可以做多少事啊！”

他说：“我会成为微软的清洁工。”

这虽然只是一个故事，但却告诉我们，每个人都有合适的道路，走在这条道路上，人生才是有意义的。只有做好你自己，你的人生才能焕发出别样的美丽。

心灵悄悄话

在现实生活中，有些人总是在羡慕别人，憧憬别人的财富与成功。他们总是在试图表现出自己实际上并不具备的品质，最终把自己搞得心神疲惫。其实，我们每个人都有自己的芳香，只要做好我们自己就已经足够。

第二篇 >>>

有目标才能有方向

有了目标才能远航,有了方向才能成功。准确定位自己,把握人生航向。每个人都有梦想,但是只有少数的人才能梦想成真,这并非他们获得了其他人没有的机会和好运气,而是因为他们正确定位了自己的人生,再加上坚持不懈的努力和永不言败的精神,才取得了最后的成功。

有时事情本身做得好不好并不重要,重要的是你是否选准了方向。方向在人的一生中,所起的作用至关重要。选对了事半功倍,选错了则事倍功半。选准方向会让我们在人生的道路上少走许多的弯路。

选准方向，找对成功起点

每年吸引数以万计旅游者的比塞尔，是西撒哈拉沙漠中的一颗明珠。在成为旅游胜地之前，它只是沙漠中一片绿洲上的一座小村庄。当地的村民曾多次试图离开这块贫瘠的土地，可是让他们失望的是无论走向哪个方向，他们最后都回到了出发的地方。

1976 年，英国皇家科学院院士肯·莱文，带着极大的兴趣来到了这里，他想看看到底是什么原因让比塞尔人一直走不出这个沙漠的村庄，他把指南针等设备收了起来，雇用了一个叫阿古特尔的比塞尔人，让他带路。他们准备了足够半个月喝的水，牵上两匹骆驼，一前一后上路了。10 天后，呈现在他们面前的是那座熟悉的村庄——他们果然回到了原地。

肯·莱文终于明白，比塞尔人之所以走不出大沙漠，是因为他们不认识北斗星，也没有指南针。在缺少方向指引的情况下，比塞尔人在一望无际的沙漠里凭着感觉往前走，最终走出了许多大小不一的圆圈，不得不一次次折回到出发的地方。

当肯·莱文拿出指南针后，他们很快就走出了沙漠。肯·莱文教会了阿古特尔认识北斗星，并告诉他，只要你白天休息，夜晚朝着北面那颗星走，就能走出沙漠。阿古特尔照着去做，果然很快走到了大漠的边缘。阿古特尔因此成为比塞尔的开拓者，他的铜像被竖在小城的中央。铜像的底座上刻着一行字：新生活是从选定方向开始的。

成功的基础是正确的选择。其实，我们想要在工作中获得成功，就像上面这个小故事喻示的那样——许多时候，仅有热情和努力是远远不够的，更重要的是要选准成功的方向。只要朝着明确的方向努力，就一定会走出荒漠，找到希望的绿洲。

影响人一生幸福的因素很多，比如出身、身体、性格、婚姻、职业等，这其中有的是不可选择的，比如出身、身体等；有的是很难改造的，比如性格；有的却是完全可以靠自己把握的，比如婚姻、职业。正因为婚姻与职业是可以后天把握的东西，所以才有“男怕入错行，女怕嫁错郎”之说。同时也正是出于这样的原因，我们才有了选择，选择的结果无非就是好与不好，最关键的一点就是选准方向，找对起跑线。

“男怕入错行，女怕嫁错郎”：在古代，“嫁错郎”似乎比“入错行”还要严重，因为一个女人嫁错了人又不能离婚，而如果“入错行”，倒还可以改行，也不会有什么道德和社会规范的约束。不过现代社会恐怕是倒过来了，女人嫁错了郎大不了离婚，而男人入错了行则难办了，虽然可以转行，但谈何容易！

有一位大学毕业生，他所从事的工作令人感到十分惊讶，他是一家蔬菜公司的搬运工人。当年他从学校毕业后去当兵，当兵退伍后又一时找不到工作，便经人介绍到蔬菜公司当临时工，赚点零用钱。没想到一干就是几个月，由于已经习惯了那种工作和周围的环境，也就没有积极去找别的工作，于是10多年以来，他一直干着这一工作，年近40，他更不想换工作了。他说：“换工作，谁会要我呢？我有什么专长可以让人用我？”于是他只好继续在蔬菜公司当搬运工人。

从上面这个例子可以看出，一个人走上社会的第一次择业是十分重要的，一种客观环境会影响你的一辈子。也许你可以说，当我在某一个行当干得不愿干了，再换个行当不就解决了吗？也许你可以做到，但绝大部分人是做不到的，因为一个人在某一行当工作久了，时间一长可能就习惯了，加上年纪一大，家庭负担加重，便会失去转行时面对新行业的勇气。因为转行就得从头学习，重新开始，同时又怕影响自己和家庭的生活。另外，有些人心志磨损，只好做一天算一天，有时还会扯上人情的牵绊、恩怨的纠葛，种种复杂的原因，让你感到真是："人在江湖，身不由己！"

这世界上的路有千条万条，但最难找到的就是适合自己走的那条道。很多功成名就的人，首先得益于他们充分了解自己的长处，根据自己的特长来进行定位或重新定位。如果不充分了解自己的长处，只凭自己一时的兴趣和想法，那么定位就很不准确，有很大的盲目性。

歌德一度没能充分了解自己的长处，树立了当画家的错误志向，害得他浪费了 20 多年的光阴，为此他非常后悔。美国女影星霍利·亨特一度竭力避免被定位为短小精悍的女人，结果走了一段弯路。后来幸亏经纪人的引导，她重新根据自己身材娇小、个性鲜明、演技极富弹性的特点进行了正确的定位，出演《钢琴课》等影片，一举夺得戛纳电影节的"金棕榈"奖和奥斯卡大奖。

除此之外，历史上还有其他一些名人是经过重新给自己定位而取得令人瞩目的成就的。比如，伦琴原来学的是工程科学，他在老师孔特的影响下，做了一些物理实验，逐渐体会到，这就是最适合自己干的行业，后来果然成了一名有成就的物理学家。

阿西莫夫是一个科普作家，同时也是一个自然科学家。一天上午，他坐在打字机前打字的时候，突然意识到："我不能成为一名一流的科学家，却能够成为一流的科普作家。"于是，他几乎把全部精力放在科普创作上，终于成了当代世界最著名的科普作家。

无论什么时候，对于每一个身怀才干的人来说，明珠暗投都无疑是最懊丧的事。而为明珠暗投而懊丧不已的家伙俯拾即是。

朱元璋原来选的职业是"研究僧"，可是后来他改行做了皇帝。然而，选他做老板的那些文胆智囊、猛帅骁将们，行当倒没选错，只因选错了老板，所以后来都极其倒霉，差不多都被朱皇帝当猎狗杀掉了，集体上演了中国历史上规模空前的一幕明珠暗投大悲剧。

战国时期的范蠡和文仲帮助越王勾践报了丧权辱国之仇，成就了霸业。哪料想，勾践不但不领情，还有灭了他哥俩的意思。弄得范蠡懊丧地说："飞鸟尽，良弓藏；狡兔死，走狗烹……"

在生活中，谁都想最大限度地发挥自己的才能，但是，由于种种原因，并不是你想干什么就能干什么的。目前，有许多人是在自己并不喜欢甚至厌恶的岗位上，做自己并不情愿去做的工作，于是人心不稳，甚至前路迷茫。

所谓的生活其实就如写文章一样，当你发觉笔下的那一句不是自己最满意的言语，甚至是败笔的时候，那你就暂时停笔思考一下，等到精彩的华章涌向笔尖，不妨另起一行重新书写，直至满意为止。

心灵悄悄话

每一个人都应该努力根据自己的特长来设计自己，量力而行。根据自己的环境、条件、才能、素质、兴趣等，确定前进方向。不要埋怨环境与条件，应努力寻找有利条件；不能坐等机会，要自己创造条件；拿出成果来，获得社会的承认，尽力找到自己的最佳位置，找准属于自己的人生跑道。

适合自己就是最好的

在人生的道路上只有找准自己的位置，才能充分展示自我，实现自身的价值。因为，适合自己的才是最好的！鹰击长空，鱼翔浅底，虎啸深山，驼走大漠，因为选择了适合自己的位置才造就了生命的极致；小桥流水，蝉吟虫唱，斗转星移，珍器古玩，因为选择了适合自己的方式才创造了美景奇观；钓鱼台的柳影，西山的虫唱，潭柘寺的钟声，池塘边的芦花，因为选择了价值才成就了美名的享誉，同样，任何事物只有选择适合自己的方式才是最好的，才能实现自己的价值。

古有邯郸学步者，看到别人走路姿势优美，便煞费苦心，细心钻研学习他人。殊不知，他根本不适合，最终落得不仅没有学会别人的步态，并且忘了自己当初的走姿，岂不可笑可悲！丑陋的东施，一心想拥有沉鱼落雁之容、闭月羞花之貌，然而却无能为力。一日偶见西施捧腹，面有难受之色，但表情甚是可爱，于是，学习西施，结果弄得自己更加丑陋，人们都厌恶她的样子……

十几年前有一名学习不错的女孩，由于没考上大学，被安排在本村的小学教书。由于讲不清数学题，不到一周就被学生们轰下了讲台。母亲为她擦眼泪，安慰她说：满肚子的东西，有人倒得出来，有人倒不出来，没有必要为这个伤心，也许有更适合你的事等着你去做。

后来，女儿外出打工。先后做过纺织工、市场管理员、会计，但都半途而废。然而，当女儿每次沮丧地回来，母亲总安慰她，从没抱怨。三十岁时，女儿凭一点语言天赋，做了聋哑学校的辅导员。后来，她又开办了一家残障学校。

再后来，她在许多城市开办了残障人用品连锁店，这时的她，已是一位拥有几千万资产的老板了。

一天，女儿问母亲，前些年她连连失败，自己都觉得前途渺茫的时候，是什么原因让母亲对自己有信心？

母亲的回答朴素而简单。她说，一块地，不适合种麦子，可以试试种豆子；如果豆子也长不好的话，可以种瓜果；如果瓜果也不济的话，撒上一些荞麦种子一定能够开花。因为一块地，总会有一种种子适合它，也终会有属于它的一片收成。

一块地，总会有一种种子适合它。每个人，在努力而未成功之前，都是在寻找属于自己的种子。我们就如同一块块土地，肥沃也好，贫瘠也好，总会有属于这块土地的种子。我们不能期望沙漠中有绽放的百合，我们也不能奢求水塘里有孑然的绿竹，但我们可以在黑土地上播种五谷，在泥沼里撒下莲子，只要你有信心，等待你的，将会是稻色灿灿、莲香幽幽。

对于还在寻找种子的人们，道路是漫长而又艰辛的。前途渺茫，困难重重不算什么，但相信自己必定会在某一时刻、某一地点找到属于自己的种子，那所有的困难就都不算什么了。

其实，每个人都有一个最适合自己的位置，只有找准了才能实现自己的价值。当一个位置不适合自己时，为什么不换个角色再试试？用平衡心态去寻找人生的另一个突破口，寻找属于我们自己的种子。

适合自己才是最好的。适合的标准，不在于形式而在于是否让自己感觉充实快乐而有意义。

这个世界上没有绝对只有相对，当我们有什么样的选择，其实也就给予我们自己什么样的结果。如果脱离现实而做无谓的过高选择，其实那最多是一种可笑与滑稽的？正如我们经常对幼儿说的一句话：还没有学会走你就想跑，那岂不是有些不现实？

俗话说：因地制宜，量体裁衣。其实这都在告诉我们一个简单而明了的哲理，那就是只有适合自己的，才是最好的。倘若你是一个很高大的人，却非要去选择一件小衣来秀一下，岂不让人感觉有点奇怪？我们都是平凡之人，为何非要故作所谓的高雅而体现虚假的品位呢？

适合自己才是最好的，那是一种自然而协调之中体现的一种真实美。

人生也好，生活也罢，严格来说没有一个准确而标准的模式，我们也无须过多的依葫芦画瓢似的白描，更无须照本宣科似的呆板。

生活与人生原本就是精彩与美丽的。而这种精彩与美丽，不是从一个起点到达一个什么样的终点，而是从起点到达终点过程之中，你是否选择了一种适合自己的方式。

适合自己才是最好的。我们总在某些时候，喜欢选择原本不适合自己的路而行走，就算依然到达一个终点，其实留给自己的却不一定有着别人那样的感受与心境，有时仅仅是穿着别人的那双鞋，却不一定可以让自己走得舒适或者畅快。

我们有我们的快乐，名人也自有名人的烦恼。名人们的地位与那份灿烂我们无法触及与接近，可有时我们的那份自由与洒脱也可能让名人望而兴叹。

快乐与烦恼，其实并不因为你是名人而有所差异，而在于人是否选择了适合自己生活与存在的方式。

适合自己才是最好的。生活就是一块调色板，当我们选择了我们喜欢的色彩，那么那种颜色就显得格外美丽，人生就似一碗汤，当我们选择了我们喜欢的味道，才感觉有滋有味……

适合自己才是最好的。皇帝的宫殿何其华丽，何其堂皇，但如果让我们住在里面，或许会感到不自在。

自知

适合自己才是最好的。工作，也是如此。三百六十行，行行出状元，职业不分高低贵贱，只选择适合自己的，不断努力向前，不好高骛远，只要自己觉得快乐，觉得值得，那就只管走自己的路，让别人说去吧！

心灵悄悄话

不要再为自己那些不切实际、好高骛远的思想搞得心力交瘁了！也不要再为自己的能力而妄自菲薄！没有最好，只有更好，适合自己就是最好的！

要活得扎实就先守住目标

每个人都有自己的理想，这些理想是我们生活前进的动力。只有有了目标，我们才有在自己的人生路上取得成功的可能。

现在许多年轻人，为了应付日益繁重的就业压力不断地学习各种技能。这本是好事，但是有的人没有一个固定的目标，今天要学英语，明天要考研，总是没有一项能够精通，往往只是浅尝辄止，拿到证就算完事。就这样，证没有少拿，但是却没有什么拿手的本事。

学习或工作上的浅尝辄止，永远不会带来成功，只能浪费时间，白花气力，到头来“空悲切”一场。记得有个相声曾讽刺这种人：他们这山望着那山高，今天想当画家，明天想当音乐家，后天又想当军事家，最后只能当待在家里空发议论的“坐家”。

这些年轻人之所以会这样，关键在于他们自己并没有一个明确的人生目标，随波逐流，所以才会出现这种东一榔头西一棒槌的情况。

“年轻人事业失败的一个根本原因，就是精力太分散。”这是戴尔·卡耐基在分析了众多个人事业失败的案例后得出的结论。事实的确如此，许多生活中的失败者几乎都在好几个行业中艰苦地奋斗过。然而如果他们的努力能集中在一个方向上，就足以使他们获得巨大的成功。

数以万计的人，他们的一个共同的悲哀就是：今天是这样一个目标，明天是那样一个目标，后天又是另外一个目标，目标游移不定，最后一事无成。

我们知道：石英钟的“行走”没有终点，它的每一分每一秒都是在前进的过程中，它的价值的实现仅仅在于这个过程，这种对于一个没有终点的永恒的坚持，它的本质价值就是以一种恒定的耐力将自己的目标永远地守住。

我们生存在这个世界，太需要石英钟这种坚持的精神了：人生的辉煌需要恒定的坚持精神；社会的进步需要恒定的坚持精神；人类的文明程度的提高也需要这种恒定的坚持精神。

有目标，生活才处于追求的状态，才会感到充实，感到快乐。就像一位跳高运动员，如果他的前面不放一根横杆，让他漫无目的自由地跳高，可以肯定，永远也跳不出好成绩来。正确的方法是：在他面前设定目标，放置一根横杆约束他，让他不断地超越，横杆也就不断升高。甚至会有这样的情况：在一定范围内，横杆越高，跳得就越高；横杆很低时，他却跳不起来，因为，没有目标（横杆很低）时，会产生强烈的“失落”感。这又很像物理学的一条原理，没有参照物，运动或静止都没有意义。

同时，目标不能游离不定。每个人面对目标，都不能三心二意。谁游戏人生，人生就将会游戏谁，到时候只会落得个老大徒伤悲。

当然，年轻人在事业的开端有多个目标是很正常的，这好比罗盘指针在被磁化之前所指的方向是不确定的，只有在被磁石磁化而具有特殊属性之后，才成为罗盘。同样，一个人一开始可能确定不了自己的方向，但经过一段时间的摸索，他最终就会也必须确定一个自己发展的目标。

心灵悄悄话

在为目标奋斗的道路上无论怎样贫苦、怎样不幸，都应该有自信，甚至自负。应该蔑视命运的考验，守住自己的目标，相信好日子一定会到来。

人生目标指引成功之路

走在通往理想的道路上，有些人满怀着希望，为自己的理想努力奋斗；有些人挣扎在黑暗中，不断寻求自己的理想；而有些人却沉迷在“安乐窝”中，以为自己的人生就是这样，没有必要去寻找理想，更不用说为理想去奋斗与拼搏。

在他们中间，满怀希望、为理想奋斗的人，能够清楚自己一生想要什么，有可行的计划达成目标，并且这些人都是各行各业中的佼佼者——没有虚度此生的成功者。

奇怪的是，这些人和其他庸庸碌碌的人比起来，机会都一样多。区别就在于有无目标，没有目标任何事情都不可能发生，就只能在人生的旅途上徘徊，永远到不了任何地方。

美国前总统罗斯福的夫人在年轻时从班宁顿学院毕业后，想在电讯业找一份工作，她的父亲就介绍她去拜访当时美国无线电公司的董事长隆尔洛夫将军。隆尔洛夫将军非常热情地接待了她，随后问道：“你想在这里做哪份工作呢？”

“随便。”她答道。

“我们这里没有叫‘随便’的工作，”将军非常严肃地说道，“成功的道路是由目标铺成的！”

没有奋斗的方向，就活得混混沌沌；准确地把握好自己的喜好和追求，是走向成功的第一步！每个人都被赋予了一次生命，虽然长短各有不同。遗憾的是，很多人回首人生的旅程，带着悔恨、失望，他们会忽然惊觉自己的旅程没有目的地。大多数人幻想他们的生命是永恒不朽的。

他们浪费金钱、时间以及心力，从事所谓的“消除紧张情绪”的活动，而不是从事“达成目标”的活动。他们每周辛勤工作，赚够了钱，在周末又把它们全部花掉。

这就是太多的勤奋人的作为。他们表面上看起来很让人敬佩，因为他们兢兢业业，但等他们老了，却感到自己的一生过得并不精彩。相比之下，一些表面并没有他们勤奋的人却取得了比他们更大的成就，过上比他们更好的生活。这让他们百思不得其解。他们既感到失落，又不明所以。他们不明白，自己付出的努力绝不比他们少（因为自己几乎没有放过任何能够工作的时间，那些人的工作时间也不可能比他们长），那么别人是怎样实现那样大的目标，过上那样好的生活的？

他们不明白其中的一个秘诀就是，所有成功的人士都有一个突出的品质：就是做事都有明确的目标。

洛克菲勒这个名字在很多人看来意味着财富。他凭借自己的精明、远见、魄力和手段，白手起家，最终建立起自己庞大的实业帝国。虽然人们对他一生的评价毁誉参半，但在他的儿女西恩和伊丽莎白看来，他却是个慈祥的父亲。洛克菲勒曾写了很多信给他的子女以指导他们的事业、生活，我在此选录一些片段，供你欣赏。

蜡烛在银烛台上慢慢燃烧，饭厅里气氛温馨。可是伊丽莎白和西恩的情绪都不高。

洛克菲勒吃过一块牛排后，慢慢地开导他们：“20岁到30岁是人生最为重要的学习阶段，如果在这期间无法掌握好将来工作所必需的知识，就会无功而返，毫无成就。到了30岁时，你的生活就只剩下家庭生活的小圈圈。你会为了分期付款的住宅，或为了日常的生活而奔波，你在30岁时须抵达的人生目标，现在还仅仅是一个美梦，或者说是一个空想。但是你必须把它看成是鼓励现在的你的动力。只有以此为出发点，你才能够超越艰苦的环境。比如说：令人伤脑筋的课题，考试中的失败，论文不公正的评价，无聊的教授和艰涩难学的必修课程等。”

“可是我很难确定我短期的人生目标是什么，尤其是当选‘美国小姐’后。”伊丽莎白抱怨道。

洛克菲勒陷入了沉思中，过了好一会儿，他说：“伊丽莎白，我当年也有和你一样的困惑。在我年轻时，学习条件很差。尤其是目标很不明确。”

“有时我会陷入一种幻觉，头天晚上失眠一整夜，到天亮时只睡两个小时，第二天一早，我与太阳一道醒来，却感到年轻力壮，精力充沛。正如惠特曼的诗所说，我‘健康、自由，世界展现在眼前……’”

“有一阵子，我实在闲得无聊，就到处瞎逛。我漫无目的地乘大巴来到犹他州，在一个农场附近下了车。天黑的时候，我敲响了农场主人家的门，主人热情地招待了我。第二天，我感谢了主人的盛情款待，再次踏上了回纽约州的旅程。我沿路徒步走着，期待着一辆可搭乘的车出现。终于一个农民让我上了他的车，我感到一辈子从未有过的自足和得意。我与这个世界如此之和谐！”

“我们疾驰着，那个农民打断了我的思索。‘你想去哪儿？’他问。”

“我快速用我在那前一晚才听到的惠特曼的诗来回答，直到现在，这首诗仍然在我脑海里萦绕。‘我将去我喜欢去的地方，这漫长的道路将带领我去我向往的地方……’我背着这句《通达大路之歌》里的诗。”

“那个农民看着我，面带惊讶甚至愠怒。‘你想对我说，’他谴责地说，‘你甚至没有一个目的地？’”

自 知

“突然，那个农民把车停在路边，命令我下去。‘游手好闲之徒，’他说，‘你应当找一份正当的职业。落下脚，挣钱过日子。”’

“说着他把车开走了，留下我独自一人站在土路上。这条路的两端都长得看不到头。我试着寻回两分钟前还感到的得意扬扬之感，却只有席卷着我全身的失落感。”

“生活充满了两极对比。前一晚，我刚听到诗人惠特曼鼓励我们继续在这通达的大路上走下去，仅第二天，我却遭到陌生的红脸农民的训斥。尽管如此，我还是做好准备接受生活中的所有沉浮升降。”

“可是，爸爸，我有目标，那就是进入一所好大学。”西恩说道。

洛克菲勒马上说：“那么，我想问你进入好大学到底是为了什么？还有最近你沉迷于声色犬马中，你确定的目标又有什么意义呢？”

“一旦确定了目标，就应尽一切可能，努力培养达成目标的充分自信。”

“成功人士总是事前决断，而不是事后补救的。他们提前谋划，而不是等别人的指示。他们不允许其他人操纵他们的工作进程。不事先谋划的人是不会有进展的。”

的确，目标能使我们事前谋划，迫使我们把要完成的任务分解成可行的步骤。要想制作一幅通向成功的路线图，你就要先有目标。正如18世纪发明家兼政治家富兰克林在自传中说的：“我总认为一个能力很一般的人，如果有个好计划，是会有所作为的。”

心灵悄悄话

人和人都拥有同样多的机会，区别就在于有没有目标。如果一个人没有目标，那么任何事情都不可能发生。如果一个人没有目标，他只能徘徊于人生的旅途上，永远到不了任何地方。

不要盲目地追随别人

美国著名女演员索尼亚·斯米茨的童年是在加拿大渥太华郊外的一个奶牛场里度过的。

当时她在农场附近的一所小学里读书。有一天她回家后很委屈地哭了，父亲就问原因。她断断续续地说："班里一个女生说我长得很丑，还说我跑步的姿势难看。"父亲听后，只是微笑。忽然他说："我能摸得着咱家天花板。"正在哭泣的索尼亚听后觉得很惊奇，不知父亲想说什么，就反问："你说什么？"

父亲又重复了一遍："我能摸得着咱家的天花板。"

索尼亚忘记了哭泣，仰头看看天花板。将近4米高的天花板，她怎么也不相信父亲能摸得到。父亲笑笑，得意地说："不信吧，那你也别信那女孩的话，因为有些人说的并不是事实！"

索尼亚就这样明白了，不能太在意别人说什么，要自己拿主意。她在二十四五岁的时候，已是个颇有名气的演员了。有一次，她要去参加一个集会，但经纪人告诉她，因为天气不好，只有很少人参加这次集会，会场的气氛有些冷淡。经纪人的意思是，索尼亚刚出名，应该把时间花在一些大型的活动上，以增加自身的名气。

索尼亚坚持要参加这个集会，因为她在报刊上承诺过要去参加，"我一定要兑现诺言。"结果，那次在雨中的集会，因为有了索尼亚的参加，广场上的人越来越多，她的名气和人气因此骤升。

后来，她又自己做主，离开加拿大去美国演戏，从而闻名全球。

自知

自己拿主意，当然并不是一意孤行，孤芳自赏，而是忠于自己，相信自己，不轻易被别人的思想所左右。但是生活中，人人都难免有从众心理，常常会为了顾及面子而依附于他人的思想和认知，从而失去独立的判断，处处受制于人。这真是一种莫大的悲哀，作为一个人，我们要有自己的主见，不可盲目地追随别人。

世间曾有一个小丑，一直很快乐地生活着。但渐渐地有些流言传到了他的耳朵里，说他被公认为是个极其愚蠢的、非常鄙俗的家伙。小丑窘住了，开始忧郁地想：怎样才能制止那些讨厌的流言呢？

一个突然的想法使他的脑袋瓜开了窍……于是，他一点也不拖延地把他的想法付诸实行。他在街上碰见了一个熟人，那熟人夸奖起一位著名的色彩画家。“得了吧！”小丑提高声音说道，“这位色彩画家早已经不行啦……您还不知道这个吗？我真没想到您会这样……您是个落伍的人啦！”那个熟人感到吃惊，并立刻同意了小丑的说法。“今天我读完了一本多么好的书啊！”另一个熟人告诉他说。“得了吧！”小丑提高声音说道，“您怎么不害羞？这本书一点意思也没有，大家老早就已经不看这本书了。您还不知道这个？您是个落伍的人啦！”于是，这个熟人也感到吃惊，也同意了小丑的说法。“我的朋友杰克真是个非常好的人啊！”第三个熟人告诉小丑说，“他真正是个高尚的人！”“得了吧！”小丑提高声音说道，“杰克明明是个下流东西。他侵占过他所有亲戚的东西。谁还不知道这个呢？您是个落伍的人啦。”第三个熟人同样感到吃惊，也同意了小丑的说法，并且不再同杰克来往。总之，人们在小丑面前无论赞扬谁和赞扬什么，他都一个劲儿地驳斥。只是有时候，他还以责备的口气补充说道：“您至今还相信权威吗？”“好一个坏心肠的人！一个好毒辣的家伙！”他的熟人们开始谈论起小丑了，“不过，他的脑袋瓜多么不简单！”“他的舌头也不简单！”另一些人又补充道，“哦，他简直是个天才！”最后，一家报纸的出版人，请小丑到他那儿去主持一个评论专栏。于是，小丑开始批判一切事和一切人，一点也没有改变自己的手法和自己趾高气扬的神态。现在，他——一个曾经大喊大叫反对过权威的人——自己也成了一个权威了，而年轻人正在崇拜他，而且害怕他。

你一定会说，这些年轻人真是可怜啊，可怜得有些愚蠢。虽然这个故事有点夸张，但事实上，你有没有想过，有时候，自己也有过类似这些年轻人的行为。比如，在对一件事发表看法的时候，你从来都是附和所谓“权威”人物的观点，而不敢大胆说出自己的想法，再比如，在为人处事的过程中你经常按别人的反应来决定，而不是按照自己的意愿去决定等。这是不自信的表现，也是虚荣心在作祟，你已经成了上面故事中崇拜小丑的“俗人”，丧失了按照自己意愿生活的能力。

一位通晓做人内在法则的人士指出：“当别人对你说‘快看这儿’或‘快瞧那儿’的时候，请你不要盲目地追随他们，因为幸福世界就在你的心中。”其实，何止是幸福呢，包括做人做事都是这样，你不能在听了别人对自己的看法后，就依附他们的喜好来改变自己，你要按照自己的个性生活，尽情地去展示自己的天性和美丽，而不是盲目地追随别人。

心灵悄悄话

每个人的生活都有他的精彩之处，而我们完全没有必要去盲目地羡慕、追随别人。只要做好自己，让自己过得快乐就可以了。盲目地追随别人的脚步只会让自己过得很累。再者，做人最可贵的事情莫过于坚持自己的看法，而不是盲目从众，以致在别人的观点里迷失了自己的人生路。

选择让自己发光的地方

选对环境与一个人事业的发展至关重要，有句名言说："东西放对地方是资源，放错地方成垃圾。"人才也是一样，放对地方是人才，放错地方成冗员。即使是金子也要在合适的地方才能将光芒展现于人，所以，你必须根据自己的实际情况选择好能发光的地方。

你性格活泼开朗、喜游四方，碰到陌生人能言善道，那么你就比较适合做推销员、业务员、外交官、公关人员。如果放在研究室、计算机室一定痛苦不堪，难以久待，即使勉强工作，也是无精打采，度日如年。相反，一个内向、害羞，不喜与陌生人打交道的人去从事拓展业务、开创人际关系的工作，一定张皇失措，心慌意乱，难有作为。所以你要先根据自己的天赋、爱好来选择适合自己的行业。

分析完自己后，就要为自己的才能找对买家。有很多人很有才能，但是不懂分析形势，不是投错了买家，就是拜错了庙门，最后使自己一身的本事不能施展，影响了自己前途。

鲁国有一户姓施的人，他有两个儿子，大儿子好学，二儿子好战。好学的儿子用自己的学问到齐侯那里去游说，齐侯就接纳了他，让他做公子们的老师。好战的儿子到了楚国，用自己所学的东西去向楚王游说，楚王很高兴，让他做了管理军事的官吏。两个儿子得来的俸禄使他一家人衣食富足，父母也跟着享受荣华。

施家有一位邻居，姓孟，也有两个儿子，所学的东西也与施家两个儿子一样，一个好学问，一个好作战。但是他们家却很贫困，在向施家请教方法后便也决定照着做。

孟家大儿子来到了秦国，用自己所学的儒学向秦王游说。秦王听了却说："当今各国用武力相互争斗，所努力追求的不过是足食足兵而已。如果用仁义治理我的国家，这不是要自取灭亡吗？你用你那破理论来蒙蔽我，胆子可真不小啊！"于是命令手下人把他用了刑才放他走。

二儿子用他所学的去向卫侯游说，宣传好战思想。卫侯说："我们国家十分弱小，夹在各个大国之中。面对大国我唯唯诺诺，面对小国我极力安抚，这样才求得今日的平安。如果用战争去对待各个国家，这不是飞蛾投火吗？如果让你安然离开。你就会到别国去游说，别国如果采纳了你的主意，就会来攻打我，我们的祸害就来了。"于是命令手下人割下了他的舌头后才把他送回国去。

孟氏一家人求福得祸，痛哭不已，于是来到施家，责备施家骗了自己。施家的人说："一个人，行为合于时宜就会得福，违背时宜就会招祸。你们家所学的和我们家一模一样，结果却相反，这是违反时宜的缘故，并不是你的行为荒谬呀！天下的道理没有永久不变的，以前所用的，现在或许要丢弃；现在抛弃的，将来或许要用它。这种用与不用，没有永恒的是非。如果一成不变，即便像孔丘那样博学，像吕尚那样善于计谋，也要落得个失败的下场。"

同样一种理论、一种方法，在甲地行得通，在乙地行不通，这是不奇怪的。因为甲乙两地情况不同。齐国强盛，无人敢欺，它急需的是国内治理，是内在实力，因而仁义道德的治国之术正合齐侯口味。楚国志在拓展疆土，臣服列国，称雄天下，欲与秦一争高低，军力的扩张正是楚王梦寐以求的。

施氏二子怀揣学识才能，各自选准了对象，选准了空间，投其所好，因而，都有好结果。孟氏二子就不够聪明，到一心想要以武力统一天下的秦国兜售仁义道德，让他们放下武器讲仁义，岂不是自讨苦吃、自寻没趣？同样，到在夹缝中苟且偷安、勉强得以安身的卫国推销强兵之策，把卫国推向水火，当然也得不到欢迎。这就是没有投对买家的下场。

投入工作中之后，我们就需要从客户的需要出发，展现自己的价值。了解他人兴趣的能力，是人生成功的最大能力，无论从事任何行业都不例外。如果只考虑自己的偏好，企图将自己认为好的东西强加于人，这样往往难以成功；相反，如果懂得从他人的兴趣及需求出发考虑问题，那你就已经摸到了成功的门径。

古时候，有一位年轻书生，博学多才，精通诸子百家各种学问。他听说秦王求贤若渴，诚聘各国人才，便决定去秦国毛遂自荐。为了显示学问，他带着十几车书，浩浩荡荡来到秦国，在一家旅馆住下来，等待秦王的接见。

秦王很快注意到这位行为奇特的书生，不久便邀请他入宫见面。书生很兴奋，决心好好表现一下，希望受到重用，一展胸中抱负。在见到秦王时，他大讲“仁道”，强调以仁治天下。虽然他的许多真知灼见显示他对“仁道”已经有很深入的研究。但秦王对此并不感兴趣。这位书生只好识趣地闭上嘴巴，告辞而去。

但他并没有因此而放弃，他研究起秦王的喜好。不久，他决定换一套学问，再去试一下。

过了半个多月，书生再次见到秦王。这回他不讲孔子的“仁道”，改讲孟子的“王道”。他的学问是好的，只可惜秦王对所谓“王道”也不感兴趣，完全出于礼仪，才耐着性子等他说完。无奈，书生只好再次告辞。

又过了一个多月，书生第三次去见秦王。这回他不讲“王道”讲“霸道”，宣扬法家依法治国的那套学问。这一次，秦王的态度就大不一样了，时而凝神静听，时而击节叹赏，很显然，这套学问正对他的胃口。

不久后，秦王重用这位年轻人，授命他对秦国进行改革。这位名叫公孙鞅的年轻人，凭借自己的才智和决心，演绎出一段百世流芳的历史——“商鞅变法”。

由此可见，成功的基础是自己的才能，而成功的关键是找对发挥才能的环境，有时候我们要通过自己的分析去判断、去选择环境；有时候，我们也要根据环境去改变自己、调整自己，让自己的才能更适合环境。

心灵悄悄话

每个人都有自己的特长，有自己的亮点，只要依据环境的特点来发展自己，就能让自己变得优秀起来，能得到更多的关注，当然也就能得到更多的成功机会。

急功近利不如脚踏实地

急功近利容易使人失去自我，迷失方向，不急功近利，不患得患失，坚定不移地奠定基础、创造条件，自会有妙手偶得的乐趣。

低调的人不会急功近利，目光长远的人也不会急功近利。

欧典地板号称源自德国，但其德国总部根本不存在。自称百年历史其实只有 8 年，所谓的欧典中国有限公司也根本没有注册过。原来，欧典地板并非像其宣传的那样“真的很德国”，但竟然卖到了 2008 元/平方米。2006 年的央视“3.15”晚会，向全国消费者揭穿了这个谎言。

他们的所谓“真的很德国”，利用了消费者爱慕虚荣的心理。因为木地板最早源于德国，所以欧典便想方设法把自己的产品与德国联系在一起，通过炒作概念，来标榜自己技术一流、质量上乘。

美国股神巴菲特有一句名言：只有退潮时，你才知道谁在光着身子游泳。很多的企业似乎正是这样，经济狂潮一经消退，喧闹的沙滩上留下的便是投资者尴尬的身影，而这无力遮羞的身影正是急功近利所带来的一大致命伤。由于急功近利，与欧典类似的不少企业不愿在苦练内功上下功夫，而是把赌注压在广告上。一些企业在商海中潮起潮落、上下浮沉，甚至是杀鸡取卵、急功近利。不要太急功近利，这是欧典事件带给我们最深刻的教训。

什么是远利？什么是近利？什么是大利？什么是小利？每个人都有自己的衡量标准，市场也有它自己的游戏规则，只是急功近利的人难以看到，经过脚踏实地创造的远利才是大利，经过努力追求的远利才是长久的利益。

在生活中，一般人的行为准则是“到手就是财”“他日三斗，不如眼前一升”。因为他们安于享乐，对于人生辉煌缺少足够的兴趣，还有最主要的是他们目光短浅，根本看不到眼前利益之外更大的长远的利益。而高效人士的行为准则是“行大事者不近小利，有大谋者不矜小功”，因为他们目光远大，志向高远，能看见更大的、长远的利益，并一直努力追求。

心灵悄悄话

在现实生活中，出现急功近利的滋长乃至蔓延并不奇怪。问题在于，要清醒地看到其危害，识别其与求真务实的根本对立。所以为了我们的长期发展，不管是在思想上还是在行为上，都应该狠煞急功近利之风。

世间无弃物，关键在定位

人们对自我的认识不是一次可以完成的，不仅需要建立在反馈基础上的自我动态调节，也要借助别人对自己的中肯意见。

有两件学林轶闻值得我们深思。一是著名的史学家方国瑜，他小时候除刻苦攻读学堂课程外，还利用节假日跟从和德谦先生专攻诗词。他钦佩李白，仰慕苏轼，企望自己有朝一日也能成为一名诗人。但一晃六七年过去了，却始终未能写出一篇像样的诗词。

1923 年，他赴京求学，临行时和德谦先生诵《玉阮亭》“诗有别才非先学也，诗有别趣非先理也”之句以赠，指出他生性质朴，缺乏“才”“趣”，不能成为诗人，但如能勤勉，“学理”可就，将能成为一个学人。

方国瑜铭记导师之言，到京后，师从名家，几载治史，小有成就，后来著成《广韵声汇》和《困学斋杂著五种》两书。从此他立定志向，终生致力于祖国的史学研究。

著名史学家姜亮夫也有类似经历。20 世纪 20 年代，他考入清华大学研究院。当时他极想成为“诗人”，把自己在成都高等师范读书时所写的 400 多首诗词整理出来，去请教梁启超先生。不料梁启超毫不客气地指出他囿于“理性”而无才华，不适宜于文艺创作。姜亮夫回到寝室用一根火柴将“小集子”化成灰烬。诗人之梦醒了，从此他埋头攻读中国历史、语言学、楚辞学、民俗学等，取得了一系列成果。真可谓“失之东隅，收之桑榆”。

在现实生活中，人们往往忘记自己的存在，忘记对自己的关爱，从不去问“我从哪里来，我到哪里去”之类的问题，偶尔想起，也不过茫茫然一片空白。

要给自己一个准确的定位，就要探讨认识自己的问题。这里所说的认识并不是像曹雪芹在《红楼梦》中所讲的道理一样，对于那些身外之物我们还是应该去追求的。我们不反对去追求“身外之物”，也不鼓励人们这辈子禁欲，下辈子进天堂享福。

我们要鼓励人们去追求现实的身外之物，毕竟只有这些身外之物才能反映出我们今生今世过得好不好，才能看出我们这辈子活得值不值。但同时我们也绝对不赞同将这些身外之物当作唯一。那些将身外之物当作唯一的人，在追求得不到满足时，便怨天尤人，哀叹命运多舛，而当追求得到满足后，又会很迷茫，结果是找不到“自己”，不知该往哪里去，就会堕落、沉沦。

由此可见人必须清楚地认识自己，不但要建设极大丰富的物质家园，同时还需要建设自己的精神家园。做人固然要追求物质，但在追求物质的同时，一定要有精神。没有精神，任何物质都经不起人们的推敲，没有精神，任何物质都无法使人得到最大的满足。

乔安娜是如今美国广告界的巨擘，但是她曾经的志向却是作家。她自小就喜欢文学，并阅读了大量的文学著作，高中毕业后，她报考了文学系。大学毕业后，她没有像其他同学那样去寻找工作，而是开始埋头文学创作，希望能成为一名出色的作家。

辛勤耕耘一年之后，她写了两部长篇小说，但均未被采用。人生之路多坎坷，乔安娜并未灰心，她查找原因，发现自己的视野太狭窄，于是便借了一大笔钱，到各地去旅游，增长见闻。在每次的旅游之后，她都会写下大量的散文和札记，但事与愿违，这些文字被采用的概率仍然不高。

自 知

从自然界回到生活中的乔安娜面临的第一个问题就是谋生，她开始找工作。由于她的文字功底好，她很快找到一份记者工作。但她对文学创作仍念念不忘，工作只是她的一个辅助性的工具，因此做起工作来不认真，没多久她就被解雇了。同时，她的情绪使作品质量每况愈下。

乔安娜意识到了问题的严重性，于是开始静下心来分析当作家所需要的各种因素，对比自身素质与目标之间的差距。她认清要成为作家除了努力以外，还要有机会、阅历、思想等许多条件。乔安娜决定放弃当作家的念头，而开始从事广告文案创作。由于她的文笔很好，思路开阔，很快就在广告界崭露头角，最后成为有名的广告策划人。

文笔好的乔安娜把自己的人生定位在当一名作家，这并没有什么不妥，但是，现实有时候就是很残酷，她的定位并不能很好地发挥她的长处，反而会阻碍她的发展。处于这种情况下，改变自己最初的定位无疑是明智之举。事实也证明，她的新定位是正确的。

现代社会的竞争越来越激烈，我们每个人面临的工作选择可能随时都要发生转变，这时候，选择最适合自己的人生定位就显得格外重要。“最适合”不一定是最有经济价值的，不一定是别人眼中最伟大的，而是你自己最有可能实现的那一个，才是最适合你的那个，因为只有适合你，你成功的可能性才会更大。

每个人的智力都不会是均衡发展的，人人都有各自的强项和弱项。也许人生中经历过失败，并不是因为我们努力不够，而可能是因为我们没有找到最合适自己走的那条路。所以，我们碰壁的时候，不仅应该总结失败的经验，更应该分析并随时校正自己的人生定位。

人的一生找不准恰当的位置，一定会失败，可是如果找准了位置，却从此一成不变，也无法成功。所以，人生需要不断地定位，但是每一次定位都要切合实际，一旦发现自己走的路不通，那么就要及时转换方向，重新定位，如此，才能在错过太阳光辉之后，享受星辰的照耀。

心灵悄悄话

准确的人生定位是成功的关键。成功的路千万条，所谓“条条大路通罗马”，一条走不通，可以换一条试试。不能仅靠“愚公移山”的固执，还需要识时务的变通，还需要与明确的人生定位结合起来，才能少走弯路。

为了梦想，踏实前行

有一位年轻人，毕业于名牌大学，应聘进一家公司工作时，正好公司出现变故，一些老职员因故集体跳槽。这个年轻人自告奋勇要担任策划部经理，他觉得自己有能力力挽狂澜。老总一时束手无策，加上他吹嘘得很厉害，把自己的能力夸到无限大，也只好暂时接受了他的请求，聘任他为策划部经理。

年轻人开始梦想着用自己非凡的才能，在公司独当一面，创造丰富的利润，同时也实现他的价值，然后他从此将在事业上平步青云。

但是他高估了自己的能力，没有从底层一步一步走过来的经历，没有积累必要的经验，面对客户的要求，他轻易承诺下来，草率地签了合同，却找不到得力的助手协助他一起完成。谈判、策划、设计等一系列的事搞得他焦头烂额。后来任务完成得非常糟，用老总的话来说，就一个字“烂”。合同到期，客户看到这样的作品，宣称要和他们打官司，否则就让他们赔钱。

本来公司就处在危机中，他这一举动无异给公司雪上加霜。气得老总叫他立马“走人”，然后，老总想办法把原来的老职员招回来，重新把公司推到正轨上去，才挽救了公司。

这个年轻人这才明白，好高骛远、急功近利是很难真正把事做好的。他的第一份职业是经理，可这份职业却成了他最具讽刺的“经历”。

在职场上，可能每个人都想升职，成为人上人。但很多人不是好高骛远，就是不择手段。然而，社会往往会用残酷的现实来告诉我们，靠这样的方式很难得到真正的成功，就算成功了，也会如昙花一现。

“每当我想往高处飞翔总感到太多的重量，远方是一个什么概念如今我已不再想，在每一次冲动背后总有几分凄凉……”许巍的一首《浮躁》，唱出了多少人心里的真实感受？在这个经济时代，我们每个人都梦想自己能振翅高飞，出人头地，最大化地实现自己的人生价值。也正因为如此，太多的人显得过于浮躁。我们忘了，达到目标的基础，恰恰是脚踏实地，一步一个脚印地走来。

查理·贝尔出生于一个贫困的家庭，15岁的时候，他去一家店里打工。15岁对于每个人来说，都是处于懵懂的年龄。但是，15岁也是一个懂事的年龄，已经开始明白“理想”是何物，已经有了自己对未来模糊的憧憬。查理·贝尔也不是没有理想，但当时他的处境让他考虑的不是发展，也不是为自己设计多么辉煌的未来，他只是想有一份工作——挣钱生活。

他的第一份工作是打扫厕所。贝尔对待工作很认真，把自己的分内工作做完了，还做其他的杂事，比如擦地板，给其他正式员工打下手。

贝尔的勤奋和踏实，让他的老板看在眼里。没过多久，老板让他签了员工培训协议，让他进行一次正规的职业培训。培训结束后，又让他在店内各个岗位进行锻炼。贝尔经过几年的锻炼，很快获得了生产、服务、管理等一系列工作经验。19岁时，他就被提升为店面经理。

这就是踏实带给贝尔的最大成就。如果一开始他就很浮躁，或是急于求成，也许将不会再有后来的那个查理·贝尔了。也许在那个年龄的他，也意识到踏踏实实走好每一步，会带给他丰厚的回报。所以他坚持了这种工作作风，并且坚持了一生。

自 知

贝尔不但踏实地学习、工作，而且常常用心研究业务和顾客的消费规律。他总和员工们一道亲自去做站台服务、接待顾客之类的小事。在他担任澳大利亚分公司副总裁期间，他把公司的连锁店从388家扩展到683家。

贝尔后来的路走得越来越顺，27岁成了澳大利亚分公司的副总裁，29岁成为公司董事会成员……43岁，他成为总公司的总裁兼首席执行官。

你知道理查·贝尔供职的是哪家公司吗？它就是众所周知、我们经常触目可及的大名鼎鼎的快餐连锁店麦当劳。贝尔是知名餐饮业中唯一一个亲自站柜台的董事长，也是一个从最底层一步步踏实走上去的知名公司的最高层领导人。踏实做人，他就是一个典范人物。

这个世界有很多一夜暴富或是一夜成名的人，他们的“成功”，刺激着更多年轻的人，也令“浮躁”一词开始盛行于世。可是越是没有通过踏实努力所获得的成就，越容易失去。

每一幢房屋的修建，都离不开打地基。没有地基的房屋，建得越高，危险越大。在摇摇欲坠的过程中，不知道哪一天就会轰然倒塌。

人生也是如此，也需要打好基础，才能走得沉稳。就像房屋需要打下坚定的地基一样，不管你从事什么行业，踏实走好每一步，都是在为自己的梦想打下夯实的“地基”。

美国飞机设计师道格拉斯曾这样说：当设计图纸的重量等于飞机时，飞机就能飞行了。这句话告诉我们的道理就是，做事要踏实，要付出，要努力，踏实会让人厚积薄发，给予人梦想中的成功。

刘邦能战胜项羽夺得天下，不是因为他聪明，他的聪明哪里比得上项羽？但是刘邦踏实，所以胜利了，而项羽则输在了心高气傲、骄奢自大上，最终落得自刎乌江的下场。

踏实是一种良好的品质，有了这种品质，不但可以让人向着梦想走去，而且，当真的实现自己梦想的那一天，也不会因为根基不稳而栽倒。如果没有踏实，哪怕你轻松就坐到了高层，却很容易出现“屁股还没坐热”就让你走人的情景，岂不可悲？

心灵悄悄话

每个人都会有梦想，谁都想一飞冲天，然后站在辉煌的尖端俯瞰芸芸众生。但是，展翅飞翔的前提，是要先踏实，先有坚硬的翅膀。通过不懈的努力，踏踏实实地走好每一步，通过生活的磨砺使你的翅膀更加强硬，这样才能让你振翅飞翔时更有力量，才能让你最终稳稳地站在事业的巅峰。

命运是选择的结果

三个人要被关进监狱三年，监狱长要他们三人各自提一个要求。

美国人爱抽雪茄，要了三箱雪茄。

法国人爱浪漫，要一个美丽女子相伴。

而犹太人说，他要一部与外界沟通的电话。

三年过后，第一个冲出来的是美国人，嘴里鼻孔里全塞满了雪茄，大喊道："给我火，给我火！"原来他忘了要火。

接着出来的是法国人，只见他手里抱着一个小孩子，美丽女子的手里牵着一个小孩子，肚子里还怀着第三个。

最后出来的是犹太人，他紧紧握住监狱长的手说："这三年来我每天与外界联系，我的生意不但没有停顿，反而增长了300%，为了表示感谢，我送你一辆跑车。"

每个人的选择不同，也决定了他们的命运是迥然不同的。三个人的不同选择呈现出三种截然不同的结果。这个小故事虽然是一个笑话，但是却清楚地告诉我们，一个人选择怎样的人生道路，他的人生就会呈现怎样的结局，也就是我们常说的命运。所以，可以毫不夸张地说，选择决定着命运。

很多人在面对失败的时候，或者自己的人生遭遇不顺的时候，总会说一句"这就是命，我认了"，其实，这是一种消极悲观的处世态度。在人生的漫漫旅途中，除了出生和死亡我们无法做出选择，我们完全有理由、有能力选择自己的行进路线。正如同走路，选择的路线不同，看到的风景也会不同。有的人选择了崎岖山路，那么他可以欣赏崇山峻岭的巍峨；有的人选择了平坦大路，那么他可以领略广阔的地域之美。尽管道路不同，但各有各的精彩。

美国有句谚语说得好："当一个人知道自己想要什么时，整个世界将为之让路。"英特尔公司前总裁格鲁夫说："人生最奢侈的事就是做你想做的事。"而如何选择，对人们来说最难。英国心理学家萨盖做的实验证明：戴一块手表的人知道准确的时间，戴两块手表的人便不敢确定几点了。

我们生活的每一天都面临着选择，小到穿什么衣服，大到职业、人生道路，每一个选择都决定了今后的不同结局。比如，你匆忙中选择了一件并不太中意的衣服，那可能这一整天你都会感到很郁闷。相反，选择一件自己非常喜欢的衣服出门，你一整天的心情都会是愉悦的。如果说选择穿一件什么样的衣服出门，顶多会影响心情的话，那对于自己的人生道路、职业方向的选择，则会直接影响以后的人生。如果选择不好，甚至错误，那将会给以后的人生带来长期的负面影响。所以，面对这样重大的选择，一定要慎重。

珍妮是一家高科技公司的程序员，年轻漂亮，收入丰厚，办公室人缘很好，还很得上司的赏识。工作之余的生活丰富多彩，和家人的关系很亲密。在外人看来，珍妮的生活、事业可谓是春风得意，前途一片光明。但是，珍妮的内心却是苦闷，甚至是痛苦的。

因为，她的内心是抵触这份工作的，甚至是厌倦。她讨厌天天面对电脑的单调机械，讨厌面对没完没了的程序。她真正的理想是当一名自由撰稿人。可是，高收入使她无法放弃这份工作，但是工作带来的郁闷又使她无法集中精力和时间去做自己喜欢的事情。她不喜欢自己现在的工作，但是又无法选择自己喜欢的工作。于是，陷入了矛盾的两难境地。

在竞争日趋激烈的今天，我们很难说珍妮的选择是错误的，但是可以肯定的一点是，珍妮这样的矛盾心理不仅危害自己的身心健康，还对自己的职业发展非常不利。

有的时候，一个选择需要我们拿自己的一生来做赌注，输赢还是一个未知数。那我们为什么不做出正确的选择呢？要做出正确的选择，就需要我们戴上“望远镜”去看待一切事物。选择是一种力量，我们每个人的生活都是被动的，因此感觉不到这种力量的存在。一旦我们的人生为自己所把握，自主地去做出人生的选择，我们就能感受到这种力量的存在了。

福特没有选择做一名大公司的高管，而是选择继续进行内燃机车的研制，所以才有了福特汽车的诞生；比尔·盖茨选择退学，后来才造就了微软帝国的辉煌；托马森·沃森在事业低谷的时候，没有选择其他公司的高薪邀请，才有了后来的 IBM 公司……

可见，选择决定命运，寻欢作乐、游戏人生是一种选择；孜孜不倦、争分夺秒、埋头苦干也是一种选择；边干边玩、亦玩亦干同样还是一种选择。不同的选择把人们导向不同的路途和方向，使各自的人生呈现出不同的色彩和价值，最终收获不同的果实。因此，请认真对待生命中的每一次选择，努力实现自己的愿望，书写自己人生的华彩篇章。

心灵悄悄话

有人说，人生就是不断地做选择题。这话很贴切，人生有单项选择，也有多项选择，没有所谓的“正确答案”，但是，不同的选择却得出了不同的结果。中国有句俗话叫“男怕入错行，女怕嫁错郎”，这就是选择的学问。

第三篇 >>>

家有诚信其乐融融

家和万事兴，是怀着纯真对美的享受，感受家的温暖，是带着诚实对美好的奉献。享受美好是对自己灵魂的一种净化，奉献美好则是对自己人格的一种升华。心怀诚实，我们的家庭也会因此而和美，因此，家有诚信在，万事尽如意。

家长，应该用诚心去做榜样。让子女看到父母美好的举止、听到父母文雅的言语，这才是最具有内涵的教育。即使言传的教育再正确再成功，而父母的实际行动与之相反，那么一切教育都白费工夫了。

和睦的家庭源于信任

一位作家说过这样一句话，信任是心灵相通的桥梁，家庭稳定的纽带，化恶为善的基石。

也许有人认为家庭生活中不需要太多的“信任”——和家人每天朝夕相处，还需要刻意地培养信任吗？事实上，正因为家庭成员是我们最亲近的人，才使得对亲人的“信任”经常被忽视。有句话说：“幸福的家庭都是相似的，不幸的家庭各有各的不幸”，而这“相似的幸福”，很大程度上就是家庭成员之间彼此信任、亲密无间的状态，而这又何尝不是“信任”的体现呢？

一个穷汉早年的结发之妻含辛茹苦度时日，为了生计每天去捡垃圾换点散金碎银糊口。有一天，这个刚强的男人在妻子面前流下了痛苦的泪：“我这样没出息，让你受苦了！”妻子笑着安慰丈夫：“我相信你，你会捡回一座金山的！”几度春秋，那个男人成了远近闻名的破烂大王。他不满足现状，又去开拓新领域。一路创下辉煌，终于登上了事业成功的顶峰，成了亿万富翁。

多年后，这位事业有成的富翁回忆说：“我之所以要奋斗，就是为了妻子那句信任我的话！我一直笃信，我会让妻子过上幸福甜美的生活。”

上面这个故事中，妻子在丈夫最落魄潦倒的时候，不仅不离不弃，更相信丈夫终有一天能够成功。这种将自己的终身幸福托付给丈夫的行为，正是“信任”的最好体现。正如“信任”一词在词典中的解释：相信而敢于托付。假如女人嫌穷汉没出息，随意与别人攀比，会让男人觉得没有面子而自尊心受到伤害。可是，那位聪明的女人在男人身处窘境时，没有埋怨、没有唠叨、没有牢骚，而是死守住自己对丈夫的信任，旁敲侧击为男人鼓劲加油，用信任的手指去抚慰心灵的创口。最终不仅让丈夫重新振作，更使二人的感情得到了升华，促使丈夫凭借坚实的感情后盾成就了事业的辉煌。

爱的力量就是信任的力量。正如美国的伟大诗人桑顿说的一段话：“在生死两岸，爱是中间的桥梁，爱是唯一生机，爱是唯一的意义，跟随着爱的秘密，你就会找到其中的意义，而你的世界和生命将会改变。”

心灵悄悄话

爱，需要信任，有爱的家，就更应该有信任。而信任使家变得温暖，变得和睦。因为，爱的力量就是信任的力量。信任可以使迷途中的人找到温暖，爱护你的家人吧，用信任的眼光去鼓励他们。

常回家看看

记得“找点时间，找点空闲，领着孩子常回家看看……哪怕给爸爸捶捶后背揉揉肩……”这首歌在一次春节晚会上让太多的人流下了眼泪，随即它便红透大江南北。演唱者是优秀的歌手，但若问他们，是他们的名气或歌喉所致吗？我想他们会说：“一是这首歌特别适合我们唱；二是歌词写出了我们大多数人的心声。”说得有道理，这首歌确实适合他们唱，两位歌手唱出了感情，而更重要的是歌词太亲切以致我们无法拒绝。

这是一个非常普遍的现象了。也许有太多的理由，儿女们越来越少回家了，对家的概念也越来越淡泊了。但也有太多的理由可以反驳这些原因。至少，家有老父母，回家看看，真诚地关心他们则是我们做儿女的义务。

记得在三四年前有一篇报道，一经登出，全国哗然。一个老婆婆在西安一条街上冻死，也由此引出一则令人气愤的故事。在这个老婆婆中年时丈夫不幸过世，给她留下两个儿子，一个7岁，一个5岁，街坊们都劝她改嫁，但她硬是一把屎、一把尿地把两个儿子拉扯大了。由于两个儿子生性聪明，在学校学习特别出色，她便吃苦耐劳地在外赚钱供两个儿子读书。十几年中，她什么活儿都干过，什么苦也吃过。有好吃的全留给儿子，自己总在饭后吃剩饭剩菜。两个儿子高中毕业后，大儿子由于疏忽落榜，便在家种田了。小儿子上了大学，家中负担更重了。她与大儿子两人便将所有的希望放在了小儿子身上。小儿子没辜负母亲和兄长的期望，大学毕业后分在县政府工作，到35岁时已当上了该县县长。此时，母亲已经花甲。

就是这么一个堂堂大县长，在工作头几年还经常往家跑，看看老母亲和兄长。在结了婚搬出去住之后，便再也没有回过一次家。在他当上县长后，也没有和他母亲与兄长见过面，他觉得有一个这样的穷老太婆做母亲十分丢人。兄长气愤不过，便有一次闯进县政府要当面质问他。他在办公室楼上看到兄长闯进来，便立即命人把其兄长赶走，并口口声声说“不认识这人，这人肯定是个疯子”之类的话。

有一次，他母亲由于劳累过度而落下的顽疾又发作了，家中实在拿不出钱来治病，兄长只好搀扶着老母亲再一次进了县政府。他们又一次被赶了出来，并被威胁：如果再要闯进县政府，便将他们送进精神病院。

兄长实在过不下去，便将他身上所有的钱留给了老母亲，去了很远的地方再也没有回来。老婆婆便在左邻右舍救济下勉强过了几年。1993年，她离开家乡，开始乞讨为生，不得不常年捡菜叶吃，捞剩菜剩饭吃。1995年冬，她流浪到了西安。就在这年冬天，她冻死在西安街头。在处理尸骨的时候，西安市公安局联系到了老婆婆的家乡政府，此时，当年的县长已做了该县县委书记。在当地舆论相逼下，这名县委书记带人前往西安认领尸体。在与西安市公安局交涉时，这位县委书记竟然说：“这个老太婆是我县一个孤寡老人，前几年就离家出走，精神有点失常，所以，我县后来就没注意了。”真是禽兽不如！

不过，这名县委书记回到家乡后，一张免职书在等着他。

如果这个县长能真诚地对待一下自己的家人，像母亲对待他一样，也不至于落得被万人唾骂、身败名裂的下场。家，只有有了真诚，才能万事皆如意！

珍惜真诚带来的快乐

婚姻是神圣的。在西方，一对恋人要结婚必须在教堂上举行，必须有牧师主持，面对十字架发誓。在我国，一对恋人要结婚，必须在民政机关登记，领了结婚证方能称结婚了。须知，在一对恋人面对十字架发誓那一刻起，他们就是从今以后同命运、共患难的夫妻了；须知，在领到结婚证那一刻起，双方已经向对方承诺了一辈子的爱，就彼此一辈子不分开了。而对于一辈子的夫妻，最重要的就是要懂得真诚，只有真诚，才能相守到老。

社会在进步，然而，我们必须面对的一个事实是，现在越来越多的人视婚姻为儿戏，今天结婚明天离，婚外恋现象更是见怪不怪。

这一切，都是因为价值观念在改变。我们很矛盾，看到一对年轻夫妇恩恩爱爱，我们羡慕；看到一对中年夫妇牵着儿子的手逛公园，我们祝福；看到一对花甲夫妇在黄昏时相互搀扶着走过小路，我们感动。但为何我们自己不去珍惜那一纸契约呢？一纸契约维系着一份责任和一份信誉呢！

有了婚姻，就要把你的爱注入给孩子，一个6岁的孩子，吃力地搬着一辆自行车，在楼梯上跌跌撞撞、七倒八歪，他要把这辆自行车从一层搬到六层。

他不知道抓哪儿好，先搬起，又放下，连拉带拽，随时都要摔倒。好容易上了两层，力气已经使光了。他索性把车倚在身上，背靠墙，用尽全力一点点往上蹭。不一会儿就满脸通红，汗流浃背。

自 知

孩子的姥姥打酱油回来了，心疼地看着孩子："我帮助你抬。"孩子连忙制止："不用不用。""叫你爸来。""不！"孩子坚决地摇了摇头，"您先上去吧。"他又拽起自行车，七扭八歪往上挪。突然一个没站住，前轮一闪，连人带车差点倒下。他气喘吁吁，头发被汗湿得打绺。好容易到了一个窗口，他索性把车支好，站在窗前，两手呼呼扇着风。还得上！小孩抬头看了看小山似的楼梯，咬咬牙又搬动了自行车，一个台阶一个台阶往上挪……终于到家了！筋疲力尽、脏得像泥猴似的孩子敲开了门。爸爸笑眯眯地望着他："磕了吗?""没！"小孩自豪地说，"有一层我要摔没摔。""你行啊！"爸爸笑了，"这叫挑战极限！"爸爸给孩子掸去身上的土，让他快去洗脸。汗津津的孩子搂过爸爸的脖子，极响地亲了一口。爸爸心疼地抱起他，孩子急忙推开爸爸："别抱别抱，我太重！"……这是一部纪录片。但孩子和爸爸却是真实的。孩子叫王东来，爸爸叫王隆。

都说穷人的孩子早当家，但可以告诉你，王东来住在一幢复式楼房里，爸爸王隆是一家公司的老总。王东来小名来来，这个小孩，去年6月创办了自己的网站，被誉为中国最小的CEO。

来来看爸爸浏览网页，问："有没有小朋友画画儿的网页呀?"爸爸找来找去找不到。来来就说："那我能不能自己做个网页呢?"孩子一句话倏地钻进爸爸心里。有什么不行的呢？王隆本来不会制作网页，他找来教材，和来来一起连蒙带猜地学，居然就成了。

王隆是这样看的："让他的想法变成现实，让他从小突破自己、认识自己，多好呀！这样，孩子就没有权威，也没有神秘感了。"确实如王隆说的，自从建了网站，来来好像比过去更敢想敢干，更有主见了。他成立了"棒小子俱乐部"，他还想成立社区环保小分队……

一个夏日，来来和爸爸从体育大学回家，走着走着，突然下起瓢泼大雨，身上马上就淋湿了。赶紧打车！可父子俩一合计，这会儿打车也湿了。干脆往回跑吧！父子俩一路跑一路在大雨里跳踢踏舞，快乐疯了，好一幅雨中即景！引得路人频频侧目。王隆说：“这种体验多么快乐，简直是可遇不可求的。”

王隆被问到和孩子相处时什么最重要时，毫不犹豫地说：“沟通！把心灵蹲下来和他沟通！一定要蹲下来，而不是假惺惺的。”因为，蹲下才能代表你的真诚。在来来家，经常听到父子俩一些有趣的对话。“太阳要没了怎么办呢？……我去找！……你跟太阳说什么？”

“菜市场为什么拆了？……可能要建商场吧！……我不这么想，我想可能就因为看它不顺眼。……那咱们上哪儿买菜去？”

这样的问题，可能你会懒得去回答，可你知不知道，小孩子并不认为这些问题幼稚，你不回答，会伤了孩子的好奇心以及你在孩子心目中的“朋友”地位。王隆每次都很真诚地对他的孩子说：“我甚至希望有一个摔跤场，能跟孩子在里面‘打仗’，让他们体会什么是友好，什么是打架，学会与人相处，适应这个世界。”

来来的故事讲完了，王隆还有许多话令我十分感动，也令我们每个人感动。

歌星李宗盛有一首歌，是这么唱的：“我有一群孩子，他们是可爱的孩子……他们是我的希望……他们是未来的希望……”我们真诚地祝福孩子们。我们该留些什么给我们的希望呢？是真诚，还是别的？

心灵悄悄话

家庭，有老人、爸爸妈妈、孩子，所以是温馨的、温暖的。家是避风港，为家人遮风挡雨。家里有了真诚，家里有了信任，使得更多的人愿意在家里享受欢乐和谐。

家人之间需要信任

三年级的小红有不爱写作业的坏习惯，并且会对大人撒谎说是老师没有留作业。她的父母为此经常责骂她说：“我现在去给你的老师打电话来验证!”“我不相信老师不会留作业!”但是收效甚微。

后来小红的父母认真检讨了自己的态度，当小红再次说学校没有留作业时，他们改变了说话的语气，对她说：“我相信老师一定是看小红今天表现得好，才没有给小红留很多作业的。但是如果总是不写作业，被其他同学超过的话，那时候要做的作业会更多哦。”小红在父母的话中听到了信任，也为自己的行为感到惭愧，主动去写作业了。

父母应该永远是孩子的坚强后盾，是孩子在世上最可信任的人。但你是否想过，当你遇到困难时，你会不会第一个想到向自己的父母求助；如果你已为人父母，你会不会在孩子犯了错误后仍用宽容的心态去相信他是无心之过呢？很明显，你肯定会的，因为你相信你的父母永远会在你危难之时帮助你，你同样相信你的孩子无论取得多大的成就，都是你的骄傲。这就是“信任”在起作用。

然而，很多时候我们并不在意这种“信任”的作用，以至于经常不能很好地表达，有时甚至会把原本亲密的关系搞得冷淡。你可以想象，当孩子认为最可以信任的父母却在某件事上表现出对他的不信任，那将会给他的心灵带来多大的伤害。就像上面的事例中，父母对孩子的信任被愤怒所取代，结果只能使孩子和父母的心理距离越来越远。而一个在教育上失败的家庭，自然也不能称作是一个幸福的家庭。无论孩子犯了什么错误，父母都要本着信任的原则去教育孩子，告诉孩子：家里是安全的，父母能够原谅他的一切错误。

父母冷静的态度，能有效地缓解孩子的心理压力，父母营造出信任的家庭氛围也更加利于孩子成长。事实上，当孩子遇到麻烦的时候，正是孩子对父母信任底线的考验，父母表现出的“信任”，是孩子相信父母的条件。

心灵悄悄话

告诉孩子：家里是安全的，父母能够原谅他的一切错误。父母应该永远是孩子的坚强后盾，是孩子在世上最可信任的人。一个家庭，只有有了真诚，才会使人开怀大笑。

父与子的信任

1989 年，一次 8.2 级的地震几乎铲平这座城市，在不到 4 分钟的短短时间里，3 万人以上因此丧生！

在一阵破坏与混乱之中，有位父亲将他的妻子安全地安置好了以后，跑到他儿子就读的学校，迎面触目所见，却是被夷为平地的校园。看到这令人伤心的一幕，他想起了曾经对儿子所作的承诺：“不论发生什么事，我都会在你身边。”这时，父亲热泪盈眶。面对看起来是如此绝望的瓦砾堆，父亲的脑中仍记着他对儿子的诺言。

他开始努力回想儿子每天上学的必经之路，终于记起儿子的教室应该就在那幢建筑物里，他跑到那儿，开始在碎石砾中挖掘搜寻着儿子。

当父亲正在挖掘时，其他学生家长赶到现场，悲伤纷乱地叫着：“我的儿子呀！”“我的女儿！”有些好意的家长试着把这位父亲劝离现场，告诉他“一切都太迟了！”“无济于事的！”“算了吧！”，等等，面对这种劝告，这位父亲只是一一回答他们：“你们要帮助我吗？”然后依然继续进行挖掘工作，一瓦一砾地寻找他的儿子。

不久，消防队队长出现了，也试着把这位父亲劝走，对他说：“火灾频繁，处处随时可能发生爆炸，你留在这里太危险了，这边的事我们会处理，你快回家吧。”而父亲却仍然回答着：“你们要帮助我吗？”

警察也赶到现场，同样让父亲离开。这位父亲依旧回答：“你们要帮助我吗？”然而，却没有一个人帮助他。只为了要知道亲爱的儿子是生是死，父亲独自一人鼓起勇气，继续进行他的工作。

时间一分一秒地流逝，挖掘工作持续了38个小时之后，父亲推开了一块大石头，听到了儿子的声音。父亲尖叫着："阿曼！"他听到了回音："爸爸吗？是我，爸，我告诉其他的小朋友说，如果你活着，你会来救我的，如果我获救时，他们也获救了。你答应过我的。不论发生什么事，你都会在我身边，你做到了，爸！"

"你那里的情况怎样？"父亲问。

"我们有33个人，其中只有14个人活着。爸，我们好害怕，又渴又饿，谢天谢地，你在这儿。教室倒塌时，刚好形成一个三角形的洞，救了我们。"

"快出来吧！儿子！"

"不，爸，让其他小朋友走出去吧！因为我知道你会接我的！不管发生什么事，我知道你都会在我身边！"

心灵悄悄话

父子间的爱和信任是多么令人震撼和感动！这一份爱是绝对的信任，是庄严的承诺，是令人鼓舞的典范！

留下空间给予温暖

杰在上海某大学读书时与娟产生了爱情。毕业后，终因地理原因，娟割断了他们的爱情线。杰曾因此大病了一场。

两年后，杰经亲友介绍，认识了慧，匆匆地举行了婚礼。于是，这段过去的恋情成了杰心里的“情感隐私”。

新婚第二天，当杰准备陪同慧回娘家之时，邮递员送来了一封信。信是娟的一个同学写来的，她告诉杰：“最近，我见到了娟，她现在醒悟了，地理因素对于爱情来说是多么微不足道。两年来，她一直思念着你，她发现，你在她心中的地位，是谁也不能取代的。这几天她要出差到你所在的城市，可能会直接去找你，希望你们能和好如初……”顿时，杰的眼睛模糊了，眼前的慧恍惚变成了娟。他找了个借口，让慧独自回娘家，全然不顾此举会给他们的新婚带来什么后遗症。

慧提前从娘家回来，发现丈夫酩酊大醉地倒在床上，枕边搁着一封信。看了信，慧无声地哭了。去谴责杰吗？替杰设身处地地想一想，她能理解他的懊悔和痛苦。如果当初他锲而不舍地追求，何至于造成今天的痛楚？而现在，杰既负有对这个新家庭不可推卸的义务和责任，又对远方的娟怀有至死不渝的爱。该诅咒娟吗？她可是不知道杰的近况呀，作为女人，慧更能体谅娟的苦衷。慧把信放回原处，替丈夫盖好被子，默默地在他身边坐了好久，好久。

知道了丈夫的“情感隐私”后，慧更加温柔体贴，关心杰，从不当面揭穿杰的“秘密”。几天后，当慧上完夜班回家不久，娟上门来了。慧热情地接待她，备好一桌丰盛的午餐招待娟。

饭后，她又借口要去上班离开家，好让这对旧恋人有机会好好谈谈。望着妻子疲倦的面容，杰的心深深地感动了。他明白妻子的一片心意。当慧的身影完全消失了的时候，娟真诚而又感慨地对杰说：“你有一个多好的妻子！”

不久，娟在杰夫妇俩的热心帮助下，终于找到了一个如意郎君。

信任是处理夫妻隐私的最好办法，谁都有过去，何必让其影响现在的生活呢？当你主动去承担部分责任，反而会促使他（她）猛醒：“这全是我的错，我一定改！不关你的事！”善解人意的女子和宽宏大度的男人都应该这样，生活才会多一些快乐！

心灵悄悄话

家，因为留足空间，给予了对方真诚的信任，才会使生活在一起的家人感到被关怀与信任的温暖。以诚持家，才能使家其乐融融。

家庭教育更要有诚信

在成长的过程中，孩子开始有自己的意见与看法，有自己的朋友与世界，有自己的喜好与语言。每个人都需要成就一些事情，自信心、自尊心才会建立起来。孩子尤其需要被鼓励与诱导，自己独立地完成某些事情。这个成就的需求与独立自主的需求有很大的相关性，应该放手让孩子们去做一些事情，不要怕他们会失败而代替他们或给予太多的指导，“放心”是很大的要素。有了放心，才会产生信任。

大部分的父母认为，子女是在父母的言语教育下成长起来的。他们认为，即使言行不一致，只要口头上纠正了，就会万事大吉，这是非常错误的想法。说起言语，子女们更多是看着父母的行为成长的，父母的每一个行为都是对子女的活生生的教育，对子女的人格形成起着决定性的作用。

所有的父母都希望子女只学到自己优秀的方面，而不要学不好的方面，但这终究是父母的希望，子女却不一定这样做。无论是父母的品行和谈吐，还是一些细小的举止习惯，子女都会效仿和学习的。对子女来说，就连父母无意中的行为举止也会成为他们学习的榜样。

家庭教育不应该是只讲好听的话语，而是要有令人心服口服的实际行动。因此，家长应该用诚心去做榜样。让子女看到父母美好的举止、听到父母文雅的言语，这才是最具有内涵的教育。即使言传的教育再正确再成功，而父母的实际行动与之相反，那么一切教育都白费工夫了。特别是在家庭里，缺少了诚信，是无法进行良好的家庭教育的。

如果一家人整天互相谩骂，夫妻之间争吵不休，那么，子女学到的也只能是这些而已。教育的目的在于性格的塑造、成形。而主要在于：培养个人气质、陶冶个人情操，使其臻于完美。教育的使命是发现一个人的内在长处，然后去培植它、鼓励它。因此，家长应该用真诚的心去对待家庭，为孩子做一个好的榜样。

心灵悄悄话

家这个词，是可以带给每个孩子安全与温暖的。而一个充满诚心的家，是父母需要做到的，是孩子们需要做到的，是每个欢乐家庭都需要的。

杜绝夫妻间的争吵

曾经有人说过，争吵是这个世界上的盐。夫妻唇齿相依，因而就免不了唇齿相啮。处理得好，争吵会在平静的生活中激起波澜，过后双方相互更加了解和体谅，乃至回味无穷。但是，这种化解艺术并非人人都能掌握，弄不好家庭的破裂就会由小小的争吵而产生。还是小心避免，少去尝试为好。

不幸家庭现在正在与日俱增，我们应该引起重视、警觉，设法找些解决矛盾、恢复关系的办法。

引起争吵的原因也是多种多样的：

说谎。信任是两性结合的黏合剂，特别是婚姻成为现实，双方的性吸引力趋于平缓后，夫妻感觉到最多的是对家庭的共同责任，一旦发现对方说谎，就会觉得对方不负责任，信任感消失，裂痕会马上出现。

有的人说谎还是出于好心，怕引起对方的怀疑，结果是欲盖弥彰，不能自圆其说，例如，对对方不利的消息，怕伤害对方的感情和增添对方的心理压力，而不愿将真情相告。有的人当然是出于不信任，怕对方不同意自己的一些做法而不敢将事实说出。无论哪一种，处理不好，都会引起对方的不愉快。

揭短。夫妻相互最了解对方的缺点，揭起短来最顺当，最中要害，也就最伤感情。体格、行为、品格等方面都可以挑出短处，都是本人最不愿提起的。一般情况下，夫妻间往往因爱而宽容、而避讳，一旦心照不宣的心理默契被撕破之后，那就会利剑所指，伤痕淌血，使各自的自尊心受到严重的损害，爱的纽带也就被割断。

任性。恋爱时双方为缩短交往距离，往往伪装自己，迁就对方，容易相互和谐。婚后，空间距离消失，相互掩饰和协调的心理减退，往往变得随意任性。丈夫多花了几个钱，过去大方的妻子这时也许会唠叨个没完，好性子的丈夫也会忍不住甩出几句硬邦邦的话。

心灵悄悄话

家庭里，真诚是少不了的。只有夫妻间多些真诚，才能化解相互之间的误会。要想夫妻和谐、家庭和谐，就多用些心，用真诚的心对待彼此，生活才会更美好。

真诚化解夫妻间矛盾

矛盾出现了，该怎样化解呢？多忍让、多给予对方信任。夫妻间的争吵、矛盾常由小事引起，不一定非断出个是非。声音大点，态度硬点，就算把对方压下去了，又哪里会赢得喜悦？态度温和，语调低缓，或者干脆不吭气，以沉默相对，对方火力发射无目标，也就气焰减弱，吵不起来了。

有位女士一次因外出听课，匆忙中未把家中火炉封好，等她回来，炉火已熄，孩子放学后连饭都没吃，就饿着肚子趴在桌上睡着了。丈夫回家见家里冷锅冷灶，顿时火冒三丈，劈头盖脸骂道："在家里就像个活死人，连火都看不住。"

她没有火上加油，而是平和地笑着嚷道："你火什么？火再大，也点不着炉子。"一句话，他脸上的肌肉松弛了，觉得自己有些过分，忙做出了友好的表示："所以我才不离开你呀！"

在家庭生活中，总会遇到一些矛盾。尤其在夫妻双方都很忙碌、很疲劳的时候，发脾气是常见之事。这种情况下，多点真诚、多些忍让可以避免许多无谓的争吵。

常说理。争吵起来，常忘了说理，或无理搅三分，或得理不让人。如果能稳定一下自己的情绪，心平气和地讲道理，对方的情绪不再被激怒，所讲的道理就能入耳。

少发泄。窝在肚里的怒气一直憋着并不好，适当的发泄可调节情绪。任意地、无节制地发泄，就让对方难以接受。一般说来，自我消怒和转移消怒，或注意力转移，比发泄怒气要好。

学点幽默。幽默总会令人忍俊不禁，启齿而笑。面对的是自己的妻子或丈夫，何不让他（或她）化怒颜为笑容？

有一对老夫妻吵架后，彼此不再开口了。过了几天，先生忘记了吵嘴的不愉快，想和太太说话，可是太太就是不理他。

后来，先生在所有的抽屉、衣橱里到处乱翻，弄得老太太忍无可忍。她问道："你到底找什么呀？""谢天谢地，"老先生说，"我总算找到你的声音了。"老太太忍不住笑了。老先生这一番举动，着实令人佩服。他通过这样一种巧妙的方式，达到了重新和好的目的，而在这种情况下，用一般说理的办法是很难奏效的。

任何一个成了家的人，都应当用幽默来保护自己的家庭，如果没有根本性的重大的分歧，幽默能使家庭生活在最佳状态。

心灵悄悄话

有爱的家庭，才是完美的。然而，有爱的家庭更需要彼此的真诚。如果家庭多一些温暖，那么家人的心就会越来越靠近，那么个人的幸福也就成了家人的幸福。

真诚信任是维持幸福婚姻的关键

燃烧的爱情充满欢乐和希望，人因年轻而感觉到幸福，人在相爱时都会感觉无比的幸福。这种让人如此愉悦的状态令我们向往更牢固的幸福。人们并不满足于生存，还要发展，于是就致力于设法发展，设法保住自己的幸福。然而，这种幸福很少能够稳固，日子一长，当初的愉悦在不知不觉中悄然逝去。为了拥有我们曾经期望的东西，我们不得不有进一步的希望。我们习惯了属于我们自己的东西，东西虽美好，但时间长了也会褪色，也会不再适合我们的口味。

我们在不知不觉中变化着，而自己却没有注意到这种微妙的变化；我们所获得的东西变成了我们自身的一部分，失去它我们将十分痛苦，拥有它也不再感到快乐；欢乐已不再那么强烈，我们要到别处，到过去曾经非常向往的东西之外去寻找欢乐。这种并非出于本意的反复无常是时间造成的，不管我们愿不愿意，时间在爱情中发生了作用。它每天都在不知不觉中消磨掉某些欢乐的气质和真实的魅力，爱情不再靠自身存在，需要借助外力了。

爱情在这种状况下说明已走上年龄的下坡路，人们从中开始看到应在哪里结束。但是，人们无力自愿地结束，在爱情的衰退中，那些将要经受的令人厌恶的事，是任何人都无法下决心预防得了的。

外表的魅力有限，而心灵的魅力无穷。心灵美透着淡淡的味道，不会太冷太热。那么这个心灵魅力，就是真诚与信任。一见钟情，或许发现外在美，但要想彼此长相厮守，还是心灵美在起作用。外表的魅力、物质的魅力，会随着时间的推移而减弱，最终有可能消失。被外表或物质所吸引产生的爱情不会长久，正是由于这个原因，没有一个伴侣能是最完美的。

如果爱一个人成为习惯，它就成了你心底最柔弱的那一部分，成了你的致命伤，成了你无法躲也不想躲的牢笼。你的心里有时虽充满了无望和无辜，但一种叫作“奉献”的感情已充斥了你的内心，它既美好又让人感到疼痛，如果你发现自己已经开始依赖上这种感觉，而拥有这种感觉的原因，是因为对方给予了你真诚的爱。那么所有的退路就全部被这种感觉封闭了。你唯一能做的就是，不求回报地爱他（她），像喝水吃饭一样习惯。

你不是最好的，但我只爱你。仔细回味，这体现出怎样一种乐观豁达而又理智执着的爱情！有人说，人一降生，就有一份天定的缘分为他（她）而生。然而大千世界，人海茫茫，生命苦短，如何才能找到属于自己的那个完美的伴侣呢？如何才能有一个完美的家呢？

现代的人们总不能固守这份缘分，不能以易逝的青春和焦灼的心情屏息静候。于是，他们常常很勉强地接受了随风而至的他（她），却一遍又一遍地把他（她）和自己心目中那个完美的形象来进行对比，对比一次，失望一次。他们并不懂得，如何去珍惜身边的和已经拥有的人。他们也不知道，自己已经得到的，其实就是最大的幸福、最真的爱情！

什么是爱情？有位哲人说，爱情就是当你知道了他（她）并不是你所崇拜的人，而且明白他（她）还存在着种种缺点，却仍然选择了他（她），并不因为他（她）的缺点而抛弃他（她）的全部，否定他（她）的全部。如果有这样一个人，他（她）在你的心目中是绝对完美的，没有一丝缺陷，你敬畏他（她）却又渴望亲近他（她），这种感觉不可以叫作“爱情”，而是“崇拜”。崇拜需要创造一个偶像，就像图腾之类没有血肉的东西；而爱情不需要，爱情是真真切切的能够用手触摸、用心体会的。

爱情是你明知他（她）穿得十分“土气”，却甘愿带他（她）出入于大庭广众；是你明知他（她）有着缺点，却还坚持要把他（她）带回家，把他（她）介绍给自己的家人。由此可想，如果有一份执着而持久的感情和一份金玉其外瞬间即逝的“感情”，你宁愿选择哪一种呢？

世界上有许多出色的男孩和美丽的女孩，然而真正属于你的感情只能有一份，千万不要因为别人的眼光而改变了自己的挚爱，要用自己真诚的心，去选择。莫要活在别人的眼光里而失去了自己。感情不能贪心，也不是梦想。“如果有谁认为有十全十美的爱情，那不是诗人，就是白痴。”所以，我们应用心来守候着属于自己的并不惊天动地的爱情，等待之后便是一生一世的相守。

心灵悄悄话

是的，没有一个伴侣是完美的，也没有一份感情是毫无瑕疵的，爱情与爱人，只能是真真切切的，是用最真诚的心才能拥有的。什么时候，我们才能平心静气地想想这些话，想想我们当年苦苦追求完美的可笑和天真。不要忘记了，原来身边的真诚和信任，才是我们需要的。

第四篇 >>>

诚信立则事业兴旺

还有什么比让别人都信任你更宝贵的呢？多少人信任你，你就拥有多少次事业成功的机会。成功的大小是可以衡量的，而诚信是无价的。用诚信获得成功，就像用一块金子换取同样大小的一块石头一样容易。

真诚、守信及勤劳是最根本的要诀。只有以诚待人才能做成大生意，只有以诚待人事业才能长盛不衰。诚信不仅仅是一种良好的个人修养，也是一种优秀品格的外在表现，更是一种可以直接转化为金钱的无价之宝。

失信将付出大代价

处世为人之道，没有比诚实守信、取信于人更为重要的了。言行举止，时刻不可放弃了这个根本。与人交往时，只要有这个根本存在，只要别人还信任你，其他方面的缺陷或许还有补偿的机会。若失去了这个根本，别人不相信你了，别人不愿再与你共事，不愿再与你打交道。

有个大富翁，渡河的时候翻了船，大喊救命。一个船夫听到喊声，划着小船去救他。船还没到，大富翁说道：“快来救我！上了岸我给你一百两金子，我有的是钱。”船夫把他拉上船，送他上岸，富翁只给了那船夫十两金子。

船夫说：“方才你说给我一百两金子，如今才给十两，怎么能这样！”大富翁听了斥责道：“你不过是个船夫，一天才能挣几个钱？现在一下子就赚了十两金子，你还不满足？再啰唆，连这十两都没有！”船夫沉默不语，摇摇头走了。

不料，过了一个月，大富翁乘船顺江而下，船撞在礁石上翻了，他又落水了。刚好船夫在岸边钓鱼，听到大富翁喊救命，他动也不动。有人问他：“你为什么不去救他？”船夫回答说：“这就是那个没有信用的人。”听了船夫的话，没有一个人去救，最后大富翁淹死了。

正如电脑缺少了硬件和软件无法正常工作，一个人在为人上丧失了诚实和信誉，也难以取得成功。富翁失信于人终于付出了大代价。

自知

失信于人，说话不算数，许诺不兑现，意味着一个人丧失了为人的起码品质，意味着在别人眼中失掉了为人的信誉。

有位知名的学者曾讲过这样一个故事。

一名赴德留学生在毕业时成绩优秀，他决定留在德国找工作。在拜访许多大公司后，他都被友好地拒之门外。留学生最后只得去一家小公司求职，但也照样被礼貌地拒绝了。

这下，留学生不干了，他大声说："你们这是种族歧视，我要控告你们……"

对方还未等他把话说完，便打断他说："请您小声点，我们去别的房间谈谈好吗？"

两个人走进隔壁一间空房，该公司人事经理递上一杯水之后，从留学生的档案袋里拿出一张纸。

这是一份记录，上面记录着这个留学生乘坐公共汽车时曾经3次逃票。

留学生看后十分惊讶，也十分愤怒，心里不禁嘀咕："就为了这点小事而不肯聘用我，德国人也太小题大做了。"

说到这里，知名学者列举了一组数据，称德国人抽查逃票通常被查到的概率是万分之三，即你逃票1万次，只有3次才可能被发现。那位留学生居然被查出3次逃票，一向以信誉著称的德国人对此自然不会等闲视之。

人无信不立。人而无信，不知其可也。现代社会是信誉社会，对于个人来说，信誉代表着形象，代表着人格。要想在形象和人格上获得依赖和尊重，就需要树立个人的可信度。从这一点上说，就不难发现为什么德国人会将逃票这样的小事看得比天还大，就是因为他们相信，一个人在几毛钱的蝇头小利上都靠不住，谁还能指望他在别的事情上值得信赖呢？

人之所以失败绝不是因为没有才能或运气不好，而是由于轻视小事这个恶习。轻视小事不会产生信誉，没有信誉就无法生存。

如果你损失了一些钱，你并没有损失什么；如果你失去了一些朋友，你失去的可就大了；如果你失去了信誉，那一切都完了。

心灵悄悄话

无诚信之人在这个世界上是无法立足的，只有不失信，老实做事，诚实做人，才能赢得大家的尊重。不要以为不会被发现，就做出让自己名誉扫地的事。

抵制诱惑袒露真诚

不诚实的民族是可怕的民族，缺乏诚实的国度是可怕的国度。诚实是迷人而又高贵的品质，诚实犹如金子般珍贵。诚实是我们日后走上社会为人处世的生存底线，我们要在现实生活中抵制各种利益的诱惑，袒露真诚，让诚实之花在我们心灵深处永远绽放。

从前，在一条水花飞溅、水流湍急的河流旁边，有一片绿色沉静的森林。森林里住着一个穷樵夫，为了维持生计，他在非常卖力地工作着。每一天，他会将他那把坚固、锐利的斧头扛在肩膀上，然后步行到森林里。他总是边快乐地吹口哨边前进，因为他认为，只要身体健康，而且有一把斧头，那么就可以赚足够的钱，买家人所需要的面包。

有一天，他在河边砍一棵大橡树时被一条多瘤的老树根绊倒了。使得他的斧头沿着河岸滑入河里。他没来得及将它抓住。

可怜的樵夫凝视着河流，试图找到斧头，但是河水太深了。河流如往常一样快乐地流着。

“我该怎么办？”樵夫哭着说，“我失去了我的斧头，现在我该如何让我的孩子不挨饿呢？”就在他说完这话时，一个美丽的女人从水里冒了出来。她是那条河流的水仙子，她听到樵夫悲伤的声音，于是来到了岸边。

“你为什么伤心？”她仁慈地问。樵夫把他的烦恼告诉她，然后，她立即沉入水里，过了一会儿便带着一把银斧头重新出现了。

“这是你失去的斧头吗?”她问。樵夫说:“这把斧头可贵多了!”

于是水仙子将银斧头放在岸上,又一次沉入水里。当她浮出水面时,手里拿着一把金斧头。“这是你失去的斧头吗?”她问。樵夫说:“不,这把就更贵重了!”

水仙子将金斧头放在岸上,并且再一次沉入水里。当她又出现时,她手里握着那把樵夫失去的斧头。

“这是我的!”樵夫大叫,“这的确是我的旧斧头!”

水仙子说:“这是你的斧头,但是现在其他两把斧头也是你的,它们是河流送给你的礼物,因为你没有说谎。”

那一天傍晚,樵夫扛着这三把斧头回家。他愉快地吹着口哨,因为他终于可以为他的家人买许多好东西了。

樵夫终于以他的诚实和执着,得到了上天的馈赠。也许我们也曾遇到过“斧头”的故事,可是我们能否真诚和坦然地面对?

阿·因佩拉托雷是美国曼哈顿航运线的老板,还兼任一家卡车运输公司的总裁。他回忆道,自己10岁那年正是美国经济大萧条的1935年。那时他在一辆大运货卡车上工作,每天要向100家商店递送特别食品,干12个小时工作只能挣到一个三明治、一杯饮料和50美分。

在没有食品递送的时候,他在一家糖果店工作。一天,他在桌子底下拾到15美分,他交给了老板。老板承认这是他故意放在那儿的,是为了看看他是否诚实。后来他一直在那家糖果店工作,直到上完高中。阿·因佩拉托雷说:“我知道是我的诚实使我在美国经济最困难的时期保住了自己的工作。”他说在这以后他干过很多工作,直至当了老板,但他一直记得自己在糖果店学到的那一课,它是使自己同别人一起工作、创建事业,并最后获得事业成功的关键。

自知

要做到诚实，就要淡泊金钱名誉等充满诱惑力的东西。如果对这些东西孜孜以求，就会泯灭良心。不诚实，就会变成不被人相信的人。而诚实则不但能使我们求得良心的安稳，也能帮助我们获得别人的信任，取得事业的成功。

在现实生活中，我们所面临的环境可能会十分复杂，面对的诱惑可能会多种多样，但这样并不能妨碍我们袒露真诚的心灵。人可以穷困潦倒，但绝不能虚伪狡诈；做人处事要有良知。樵夫和阿·因佩拉托雷都因自己的真诚无欺而得到了应有的回报。

心灵悄悄话

一个人从小就应该说话诚实、做事诚实，要明确地挣脱各种利益的引诱和束缚，真正做到不是自己的东西，再好也不去拿。有本事，就靠自己的双手去创造财富，这样用起来才安心，才有底气！

好的名誉就是财富

1982年，美国印第安纳州阿历山德亚市的比尔先生喜得贵子，几天后却又愁眉不展。原来比尔和妻子葛莉亚都是教师，住的是租来的一间小阁楼，以前尚能维持，现在有了孩子再也不能凑合了。比尔决定自己盖房子，可哪来的地呢？再说买地也需要一大笔钱啊！

经过寻访，比尔看中了城南的一块放牧地。地是属于92岁的退休银行家尤先生的，他在那里还有许多土地，但从不出售。

每次有人想向他买地时，他总是回答说，我答应那些农夫让他们来这里放牛。

比尔知道要买这块地很难，但还是决定碰碰运气。比尔来到尤先生的办公室，一切如想象中的一样，尤先生非常固执。但尤先生听到比尔姓盖瑟，睁大了双眼，突然问了一句："你跟格罗弗·盖瑟可有联系？"比尔说："他是我祖父。"

尤先生让比尔第二天再去他的办公室。第二天，事情出现了戏剧性的变化，尤先生不但态度非常和善，而且把城南的6公顷土地全卖给了比尔，并且只卖7500美元，仅仅是市价的三分之一。原因只有一个。比尔的祖父老盖瑟，在当地是一个人所共知的乐于助人、待人和善、诚信、正直不阿的农夫。

这是一则刊载在外国报刊上的故事，但不一定离我们的现实太远。

草木一秋，人生一世，好的名誉就是财富，它是金钱买不到的，遗憾的是现实生活中，我们常常忽略了拥有好名声，而一味去追逐金钱。

心灵悄悄话

好的名誉就是财富，要做到有好的名誉就要淡泊金钱名誉等充满诱惑力的东西。而诚实不但能使你求得良心的安稳，也能帮助你获得他人的信任，帮助你取得事业的成功。

真诚为人是成功之本

一个人的理想越崇高，生活越纯洁。实际上，做人的问题就是怎样处理人和人之间的关系，这里涉及人生观、价值观，涉及社会以及个人对做人的基本要求。

社会对做人的基本要求是通过社会规范表现的；个人对自己做人的基本准则是通过人生观、价值观与法纪观念及行为来反映的。社会规范主要表现为法律和道德。科技越发达，社会就会越进步，人们之间的交往就越频繁，人和人之间的相互依赖就越显著，就越需要合作，因而国家、社会对人们的法制观念以及道德意识的要求就越高。

一个只有知识而没有道德、没有诚信的人，是一个不健全的人，是非常可悲的。生活在现代的人应该是一个和谐发展的人，一个真真正正健全的人。一个总想占尽便宜的人，是不能有大成就、大作为的。

岛村芳雄是日本非常有名气的富商，他就是在短短的几年时间内富起来的，人们问他："您在短短几年的时间内成为富商的秘诀是什么？"

岛村芳雄说："诚信，我是从日元的诚信开始的。"岛村先生本来只不过是一个做小规模批发生意的普通商人，他干了几年之后，发现身旁的生意人都因诚信博得了同行们的尊敬，慢慢体会到诚信在商业交往中的作用。于是就想出一个赢得信誉的好办法。

本地渔民非常的多，麻绳是他们不可缺少的生产工具，如果尝试做麻绳生意，那么肯定会在很短的时间内就富起来，于是他就决定做批发麻绳的生意。他先从一家生产麻绳的厂家买进麻绳，每一根麻绳的进价是5日元，照理说加上运输费、保管费、搬运费，每根麻绳卖出去的价格肯定要高于5日元。可是岛村却又以每根麻绳5日元的价格卖给了东京一带的工厂和零售商，他自己一分钱也没有赚到，倒是赔上了一大笔钱。一年之后，人们都知道有一个“做赔本买卖”的商人，这个人叫“岛村芳雄”，于是，订货单像雪片一样飞进岛村的手中，他的名字也像长了翅膀一样飞到人们的耳朵里。

聪明的岛村找到生产麻绳的厂家，说：“以前的几年里，我从你们厂购买了大量的麻绳，并且销路一直都非常的好，但是我都是以进价卖出去的，所以赔上了很多的钱，如果我继续这样做的话，我想再过几天我就会破产的。”

厂方看了岛村开出的货单之后，果然是原价销售，考虑到现在向岛村订货的客户非常多，于是就决定让利，以每根麻绳4.5日元的价格卖给岛村。

岛村又来到他的客户那里，很诚实地说：“从前我为了扩大自己的影响，原价出售麻绳，如今我的钱已经都赔得快没有了，再这样下去，我就要关门停业了。我刚从麻绳厂回来，他们决定每根麻绳给我让0.5日元，你们是不是商量一下，也给我加一点?”

客户们看了进货单，知道岛村所说的话一点也没有错，决定以每根5.5日元的价格买岛村的麻绳。因为岛村诚实，总明明白白地跟厂家和客户说自己在中间赚了多少钱，博得了很多人的信任，人们都愿意和他在一起做生意。讲诚信，反欺诈，反虚假，这是一个永远都不会改变的主题，应该是社会中的每个人处世的准则。

真诚为人是成功之本。中华民族之所以能够屹立于世界民族之林，最重要的就是因为讲究诚信，因为没有诚信，亿万人的聪明才智就得不到充分的发挥。如果一个人想成就一番大的成就，就需要讲诚信，因为诚信本身就是我们踏踏实实、兢兢业业的根本。提高生活质量需要诚信，因为社会中的每一个人都希望在一个相互关爱、相互信任的大家庭中生活。

心灵悄悄话

真诚是做人的基本要求。“言必信，行必果”，遵守信用，履行诺言，是一个人和他人交往的前提。一个人失去了信用，就无法和他人相处下去，与他人一起合作。不守信用的人，是不值得同情的。同情不守信用的人，实际上就是自甘遭受欺诈。

成功来自信誉

1835年，摩根先生成为一家名叫“伊特纳火灾”的小保险公司的股东。因为这家公司不用马上拿出现金，只需在股东名册上签上名字就可成为股东。这正符合当时摩根先生没有现金却想获得收益的情况。

很快，有一家在伊特纳火灾保险公司投保的客户发生了火灾。按照规定，如果完全付清赔偿金，保险公司就会破产。股东们一个个惊慌失措，纷纷要求退股。摩根先生斟酌再三，认为自己的信誉比金钱更重要。他四处筹款并卖掉了自己的住房，低价收购了所有要求退股的股东的股份。然后他将赔偿金如数付给了投保的客户。

伊特纳火灾保险公司因此声名鹊起。已经身无分文的摩根先生成为保险公司的所有者，但保险公司已经濒临破产。无奈之中他打出广告，凡是再到伊特纳火灾保险公司投保的客户，保险金一律加倍收取。

不料客户很快蜂拥而至。原来在很多人的心目中，伊特纳公司是最讲信誉的保险公司，这一点使它比许多有名的大保险公司更受欢迎。伊特纳火灾保险公司从此崛起。许多年后，摩根主宰了美国华尔街金融帝国。而当年的摩根先生，正是美国大财团摩根家族的创始人。

回忆当初，其实成就摩根家族的并不仅仅是一场火灾，而是比金钱更有价值的信誉。还有什么能比让别人信任你更宝贵的呢？信誉是互相之间对人品的了解与欣赏，是人与人之间无法用金钱来衡量的友情，是做事的最大财富。

还有什么比让别人都信任你更宝贵的呢？多少人信任你，你就拥有多少次成功的机会。成功的大小是可以衡量的，而信誉是无价的。用信誉获得成功，就像用一块金子换取同样大小的一块石头一样容易。

心灵悄悄话

事业，不是靠嘴巴说说就能拥有的。事业，是靠诚信来建立的。如果想要成为一个成功的商人，那么他的第一课就是：学会诚信。

重视你信誉的财富

有人不重视信誉，觉得那是可有可无的东西，在利益面前信誉只是一句空话。这种观点是十分危险的。信誉是人与人之间对人品相互的了解与欣赏，是无法用金钱来衡量的友情，是做事最大的财富。

公元前4世纪，意大利有一个名叫皮斯阿司的年轻人，因为冒犯了国王被判绞刑，在某个法定的日子将被处死。皮斯阿司是个孝子，在临死之前，他希望能与远在百里之外的母亲见上最后一面，以表达对母亲的歉意，因为他不能为母亲养老送终了。他的这一要求被告知了国王，国王被他的孝心所感动，允许他回家，但前提是他必须为自己找个替身，暂时替他坐牢。这是一个看似简单，其实近乎不可能实现的条件。有谁肯冒着被杀头的危险替别人坐牢呢？这简直是自寻死路。但茫茫人海，就有人不怕死，而且真的愿意替别人坐牢，他就是皮斯阿司的好友达蒙。

达蒙住进牢房以后，皮斯阿司回家与母亲诀别。人们都静观事态的发展。日子一天天过去，刑期眼看就快到了，皮斯阿司还没有回来。人们一时间议论纷纷，都说达蒙上了皮斯阿司的当。

行刑日是个雨天，当达蒙被押赴刑场之时，围观的人都在笑他的愚蠢，幸灾乐祸的人大有人在，但刑车上的达蒙，非但面无惧色，反而有一种慷慨赴死的豪情。

追魂炮被点燃了。绞索也挂在了达蒙的脖子上。胆小的人吓得紧闭了双眼，他们在内心深处为达蒙深深地惋惜，并痛恨那个出卖朋友的小人皮斯阿司。但是，就在这千钧一发之际，皮斯阿司在淋漓的风雨中，飞奔而来，他高喊着："我回来了！我回来了！"

这一幕太感人了。许多人还都以为自己是在梦中。这个消息宛如长了翅膀，很快传到了国王的耳中。国王闻听此言，也以为只是谎言，于是便亲自赶到刑场，他要亲眼看一看自己优秀的子民。最后，国王万分喜悦地为皮斯阿司松了绑，并亲口赦免了他的刑罚。

从古至今，人们公认："人之交，信为本。"交往必须讲信用，这是做事应当遵守的最基本的准则。尔虞我诈，互相失去信任，就会影响人与人之间的正常关系。

美国的吉姆·史都瓦讲过这样一件事："我有一位在电视台服务的好友保罗·惠特曼，也是达拉斯的一位麻醉师。他在医院工作的时候，时常需要参与手术。多年前，我问保罗·惠特曼，是否能让我和他一起进手术房，我想体验一下手术房里的感觉。他同意了，并帮我穿戴上帽子、衣袍、面具、手套，以及一个9尺长的鞋套。接着，我们走向第一个病人，准备进行麻醉的工作，这时病人仍然相当清醒。当开始麻醉时我问保罗：'你今天一共有多少个手术？'他回答：'7个……'病人看着保罗说：'医生，虽然你今天有7个手术，但现在这一个对我是最重要的！'"

无论你遇见什么人，这都是个很好的例子。没有人会在乎你和别人相处得多好，或你曾经为别人做了些什么。每个人都只在乎现在，只想知道你能为我做什么，你将如何表现。每个人都想得到你最好的礼遇，希望当跟你谈话时，他是你心中唯一的对象。无论你一天内要和多少人相处，对他来说都不重要，他只在乎你和他在一起时，是如何与他相处的。

同时，你也应该寻找他人最好的一面，并向他们学习。寻找那些表现杰出的人，观察他们的行为，倾听他们的言语，并尽量多和他们交往、学习。人与人的交往，是建立在诚实守信的基础上的。成功者信守承诺，珍视这个合作的基础，以诚实取信于人。

为了确保某事的如期完成，处事双方往往可以经商讨达成某种协议，比如立军令状、订契约、签合同等。一旦一方背约，则将依约处罚。但我们在与人共事时，很多情况下只是凭信用，凭对对方人格的信任，相托要事，相信所托之事会如期实现，所谓“可信任”“可信赖”“信得过”，正是对讲信用的人的高度赞扬。

“商业？这是十分简单的事，它就是借用别人的资金！”小仲马在他的剧本《金钱问题》中这样说。是的，商业是那样的简单：借用他人的资金来达到自己的目标。这是一条致富之路。富兰克林是这样做的，希尔顿是这样做的，恺撒也是这样做的。即使你很富裕，对于这样的机会，你也不应放过。

但是，借用“他人资金”却是有前提的，你的行动要合乎最高的道德标准：诚实、正直和守信用，你要把这些道德标准应用到你的各项事业中去。

富兰克林在1784年写了一本名为《对青年商人的忠告》的书，这本书讨论到“借用他人资金”的问题。“记住：金钱有生产和再生产的性质。金钱可以生产金钱，而它的产物又能生产更多的金钱。每年6镑，就每天来说，不过是一个微小的数额。就这个微小的数额来说，它每天都可以在不知不觉的花费中被浪费掉，一个有信用的人，可以自行担保，把它不断地积累到100镑，并真正当作100镑使用。”

富兰克林的这个忠告，在今天仍具有同样的价值。你可以按照他的忠告，从几分钱开始，不断地积累到几百元，甚至积累到几百万元。这件事希尔顿做到了，他是一个讲信用的人。希尔顿旅社公司过去靠数百万美元的信贷，在一些大机场附近为旅客建造了一些附有停车场的豪华旅社，这个公司的担保物就是希尔顿的名声。

诚实是一种美德，人们从来也没能找到令人满意的词来代替它，它比人的其他品质更能深刻地表达人的内心。诚实或不诚实，会自然而然地体现在一个人的言行上，以致最漫不经心的观察者也能立即感觉到。不诚实的人，在他说话的每个语调中，在他面部的表情上，在他谈话的内容和倾向中，或者在他待人接物中，都可显现出他的弱点。

心灵悄悄话

诚实、真诚、守信用和成功在事业中是交错在一起的，一个人具备了其中的第一种——诚实，就能在他前进的道路上获得其余三种。

用真诚换来声誉

做事，只有不计较一时失去的小利，不计较眼前的损失，才能赢得别人的信任。久而久之，你的诚信度自然提高，做事时就会得到别人的支持，从而获得比失去的要多得多的利益。

有些事，表面看来能获得暂时的利益，但从长远来看，会让人“因小失大”，损失惨重。做事留后路的人，决不会被眼前的利益所迷惑，而是着眼于长远利益，从长远计划考虑。

有一次，美国亨利食品加工工业公司总经理亨利·霍金士，突然从化验室的报告单上发现，他们生产食品的配方中，起保鲜作用的添加剂有毒，虽然其毒性并不大，但长期食用会对身体有害。但是，如果食品中不用添加剂，又会影响其新鲜度。

亨利·霍金士面临着是诚实还是欺骗的选择，综合考虑之后，他认为应以诚信对待顾客。尽管他知道自己有可能会面对各种难以预料的后果，但还是毅然决定把这一有损销量的事情告诉顾客。于是，他当即向社会宣布：添加剂有毒，长期食用会对身体有害。

真是一石激起千层浪，消息公布之后，霍金士面临着重大的压力，不仅自己的食品销售额锐减，而且所有从事食品加工的老板都联合起来，用一切手段向他施加压力，同时指责他的行为是别有用心，是为一己之私利。在这种产品销量锐减，同时面临外界抵制的情况下，亨利食品加工工业公司一下子到了濒临破产的境地。

苦苦挣扎了4年，亨利·霍金士的公司危在旦夕，但他的名声却已经家喻户晓。这时候，他的命运发生了转机，政府开始站出来支持霍金士。在政府的支持下，加之诚实经营的良好口碑，公司的产品很快又成了人们放心满意的热门货，公司在很短时间内便恢复了元气，并且规模扩大了两倍。因此，亨利·霍金士一举登上了美国食品加工业霸主的地位。

在现实生活中，做什么事情都需要资金。用最少的钱来办大事，是很多人可望而不可即的梦想。其实，这是因为传统思想束缚了我们的思维。在千变万化的市场竞争中，那种敢下大赌注才能做大事的思维早已经过时了。只要能掌握市场，抓住机遇，积累诚信资本，用不了太多的本钱，就可以把事情做好。

美国加利福尼亚州有一个青年，是做通信用品销售的，他最擅长的就是以牺牲小利获取他人的信任，然后把自己的生意做大。刚开始，这个青年在一家一流的妇女杂志上刊载了他的“1美元商品”广告，所刊登的供货商都是有名的大厂商，出售的产品经济实用，其中20%的商品上货价格高出1美元，60%的上货价格刚好是1美元。杂志广告一刊登出来，订单便纷纷而至。

这个青年没有用任何资金，这种方法也不需要资金，只要接到客户汇款，就将货发过去。当然，收到的汇款越多，他亏损得也就越多，有人说这不是典型的傻瓜吗？其实，那些人只看到了表面现象，他一点也不傻，他在寄商品给顾客时，顺便寄去20种3美元以上，100美元以下的商品名称以及商品说明，然后再附上一张空白汇款单。

这样，卖1美元商品虽有些亏损，但他以小金额的商品亏损赢得了顾客的信任。一个人有了信誉，顾客就会信任他，也愿意买他其他的商品。这样一来，不仅弥补了先前的亏损，同时获取了巨大的利润。

就这样，他的生意越做越红火，1年之后，他成立了一家通信用品销售公司。3年以后，他的公司已经有50多名员工，1974年的销售额高达5000万美元。

心灵悄悄话

人无诚信，步步难行，以诚兴业，只要树立诚信，那么事业必定将兴旺起来。一个成功的商人，都不会把信用二字丢弃，因为丢弃了信用，事业也就随着消失了。

诚信是无价之宝

获得众人的信任，铸就自己的信誉，不论你采取何种方法。真诚、守信及勤劳是最根本的要诀。

经验告诉我们，只有以诚待人才能做成大生意，只有以诚待人事业才能长盛不衰。诚信不仅仅是一种良好的个人修养，也是一种优秀品格的外在表现，更是一种可以直接转化为金钱的无价之宝。

美国有位妇女叫凯瑟琳·克拉克，她开了一家面包公司。开业之初，她就公开宣布，自己公司的经营原则只有一条，就是“以诚取信”。为此，她规定自己生产的面包，凡是超过3天卖不出去的，由公司收回销毁。这样的规定虽然给公司增加了不少麻烦，并造成了一定的损失，但由于信誉好，面包新鲜，结果使销售量直线上升，赢得了越来越多的客户。有一年秋天，加州发生了水灾，粮食紧缺，面包曾一度脱销，许多人因买不到面包而挨饿。尽管如此，凯瑟琳依然坚持自己的原则，照样派人将超过3天的面包从各个销售点收回来。

有一次，运货员从几家偏远的商店收回了一批过期的面包，在途中被一些饥民截住，他们请求购买车上的面包。运货员碍于公司的规定，说什么也不答应，这引起了饥民们的一致抗议。他们围住货车，说什么也不让车走，于是双方发生了争执，人也越聚越多。

几个敏感的记者闻讯，纷纷前来探究缘由。运货员无可奈何地说：“不是我们不通情理，不愿意卖面包给他们。实在是我们公司有严格的规定，严禁在任何情况下将过期面包卖出去，如果明知故犯，就会被开除，我也不能因违反公司的规定而砸了自己的饭碗呀！”

记者听了，对运货员忠于职守、严格按公司规定行事十分赞赏，但他们又劝说道：“先生，现在是非常时期，你就灵活一下，把车上的面包卖给他们吧，总不能看着别人挨饿而你却无动于衷吧？这样也太不近情理了。”运货员为难地说：“不是我不近情理，只是公司规定……”说到这里，他突然眼睛一亮，对记者说：“主动卖面包是不可以的，但是如果他们强行上车去拿，我是没有办法的。”“强行上车拿面包，岂不是公开抢劫？”记者反问道。“如果拿了面包，又留下了钱，抢劫面包不就变成强买面包了吗？非常时期强买应算不得什么大事。”运货员说罢，狡黠地一笑。在场的人恍然大悟，于是大家一拥而上，将车上的面包“强买”一空。运货员假装阻拦，记者举起相机，拍下了这一场面。

几天之后，凯瑟琳面包公司信守承诺，宁可将过期面包收回也不违反原则的事情见诸报端，成为轰动一时的新闻，引起了无数人的称道。他们诚实无欺的做事原则，在人们心中留下了深刻的印象。大家十分信任，营业额直线上升，在短短的半年时间里销量就增加了5倍多，令其他公司望尘莫及。

业务量扩大了，凯瑟琳的经营宗旨却始终不变，在经销商和消费者中间享有的信誉长久不衰。经过10年的努力，凯瑟琳的家庭小面包公司，一跃成为现代化的大企业，每年的营业额由最初的2万美元增长到了400万美元，凯瑟琳也成了名副其实的百万富婆。

心灵悄悄话

信誉，是经商者拥有的最有价值的财富。诚信是无价之宝。如果一个企业，因为一点私利而失去了信誉，那么公司也会因此而失去整个利益。

品德是信誉的担保

金钱是商人经济的担保，而品德是信誉的担保。说到经商成功，人们常常最先想起的是聪明、勤奋、机遇等。然而人们不会想到，有时品德却在不经意之间决定了一切。

法国银行大王莱菲斯特年轻时有段时期因找不到工作赋闲在家。有一天，他鼓起勇气到一家大银行找董事长求职，可是一见面便被董事长拒绝了。他的这种经历已经是第52次了。莱菲斯特沮丧地走出银行，不小心被地上的一根大头针扎伤了脚。"谁都跟我作对！"他愤愤地说道。转而他又想，不能再叫它扎伤别人了，就随手把大头针捡了起来。

谁也没有想到，莱菲斯特第二天竟收到了银行录用他的通知单。他在激动之余又有些迷惑：不是已被拒绝了吗？原来，就在他蹲下拾起大头针的瞬间，董事长看在了眼里，董事长根据这件小事认为他是个谨慎细致而能为他人着想的人，于是便改变主意雇用了他。

莱菲斯特就在这家银行起步，后来成了法国银行大王。莱菲斯特的机遇表面上只因拾起一根针，是偶然之事。但实际上是他可贵的品格带来了成功的可能，所以培养良好的品格是成功必不可少的条件。

品德不但能够使人获得他人的好感，而且是扩大事业的重要条件。事实证明，如果你能够以良好的道德标准去处理每一件事，甚至对于那些举止过分的人也能以德报怨，那么你必定能够赢得人们的理解和支持。

有一个顾客欠了迪特毛料公司 15 美元。一天，这位顾客愤怒地冲进了迪特先生的办公室，说他不但不付这笔钱，而且一辈子再也不花一分钱购买迪特公司的东西。迪特先生让他耐心地说了个痛快，然后对他说："我要谢谢你到芝加哥告诉我这件事，你帮了我一个大忙。因为如果我们的信托部门打扰了你，他们就可能也打扰了别的好顾客，那就太不幸了。相信我，我比你更想听到你所告诉我们的话。"

这个顾客做梦也没有想到会听到这些话。迪特先生还要他放心："我们的职员要照顾好几千个账目，比起他们来，你不太可能出错。既然你不能再向我们购买毛料，我就向你推荐一些其他的毛料公司。"

结果，这个顾客又签下了一笔比以往都大的订单。他的儿子出世后，他给起名为迪特。后来他一直是迪特公司的朋友和顾客，直到去世为止。

由此可见，良好的品德对于每一个人都是不可缺少的，如果一个人拥有良好的品德，或许就会因为一件小事改变一生。

心灵悄悄话

品德包括真诚、诚信。一个人若是没有了这些品德，那么他的事业也就只能处于初期，又毁于初期。重视诚信，会让每一个人的事业越来越兴旺。

发展事业更需讲信誉

在商业史上，任何一个民族的重信守约都比不过犹太民族。犹太民族在特殊的社会、历史环境中形成的恪守律法的民族特性和现代商业运作不可缺少的信守合约的商业意识，是商业文化中的一块坚厚的历史基石。犹太人看来，契约是不可变动的。

而现代意义上的契约，在商业贸易活动中叫合同，是交易各方在交易过程中，为维护各自利益而签订的在一定时限内必须履行的责任书，合法的合同受法律保护。犹太人的经商史，可以说是一部有关契约的签订和履行的历史。犹太民族之所以成功的一个原因，就在于他们一旦签订了契约就一定会执行，即使有再大的困难与风险也要自己承担。他们相信对方也一定会严格执行契约的规定，因为他们深信：我们的存在，不过是因为我们和上帝签订了存在之约。如果不履行契约，就意味着打破了神与人之间的约定，就会给人带来灾难，因为上帝会惩罚我们。

签订契约前可以谈判，可以讨价还价，也可以妥协退让，甚至可以不签约，这些都是我们的权利，但是一旦签订就要承担自己的责任，不折不扣地执行。故此，在犹太人的经商活动中，根本就不存在“不履行债务”这一说，如果某人不慎违约，他们将对之深恶痛绝，一定要严格追究责任，毫不客气地要求赔偿损失；对于不履行契约的人，大家都会唾骂他，并与其断绝关系，最终将其逐出商界。

各国商人与犹太人做交易时，对对方的履约有着最大的信心，而对自己的履约也有最严的要求，哪怕在别的地方有不守合约的习惯。犹太商人的这一素质可谓对整个商业世界影响深远，真正是“无论怎样评价也不过分”。日本东京有个自称“东京银座犹太人”的商人叫藤田田。多次告诫没有守约习惯的同胞，不要对犹太人失信或毁约，否则，将永远失去与犹太人做生意的机会。

曾有这样一个事例，有个老板和雇工订立了契约，规定雇工为老板工作，每周发一次工资，但工资不是现金，而是工人附近的一家商店里购买与工资等价的物品，然后由商店老板结清账目。过了一周，工人气呼呼地跑到老板跟前说：“商店老板说，不给现款就不能拿东西。所以，还是请你付给我现款吧。”过一会儿，商店老板又跑来结账，说：“贵处工人已经取走了东西，请付钱吧。”

老板一听，给弄糊涂了，反复进行调查，但双方各执一词，又谁也不能证明对方说谎而毫无凭证。结果，只好由老板支付了两份开销。因为唯有他同时向双方作了许诺，而商店老板和该雇员并没有雇佣关系。

有钱人经商时首先意识到的是守约本身这一义务，而不是守某项合约的义务。他们普遍重信守约，相互间做生意时经常连合同也不需要，口头的允诺已有足够的约束力，因为他们认为有“神听得见”。

现代商业世界极为讲究信誉。信誉就是市场，就是企业生存的基础。所以，以信誉招徕顾客也成为许多企业共同使用的招数，但在商业世界中第一个奉行最高商业信誉“不满意可以退货”的大型企业，是美国犹太商人朱丽叶斯·罗森沃尔德的希尔斯罗巴克百货公司。这项规定是该公司在21世纪初推出的，在当时被称为“闻所未闻”。确实，这已经大大超出一般合约所能规定的义务范围——甚至把允许对方“毁约”罗列为乙方的无条件的义务！

因此，犹太商人在守约上的信誉是极高的，他们对于别人尽力履约也只看作是一种自然现象，他们之所以在守约上有这种特别之处，不仅在于散居世界各地的犹太人比任何一个民族获得了更多经济的成就和特有的文化，更是为了生存，犹太人不得不小心地处理好与各大民族的关系，尽力避免与人发生任何的冲突。为此，他们希望共处的民族之间能有某种共同遵守的规则，这便是“约”。无论是征服他们的民族，或是与之共处的民族，还是在自己同族之间，律法对他们而言都非常重要，这是犹太民族赖以生存发展的基本力量。犹太人完全能够遵守居住国的律法，甚至超过了当地民族本身的自觉性。

在经济贸易中，犹太商人也以守约闻名，在其他商人的眼里，犹太商人是从不偷税漏税的，一切依约行事。他们赚大钱完全是凭着自己的智慧与机智，因为他们具备了这种天赋。获取丰厚利润，对犹太商人而言，更是自主可行的，没有必要去违约赚钱，这是他们民族的一种习惯和美德。犹太商人在法治意识上较其他民族优越，在犹太人看来，有了信誉就拥有了财富。

犹太人是这样，其实每个成功的商人都是这样。

在1989年初，由于境外企业停止对我国大陆地区供应一种叫“高压陶瓷电子”的打火装置，温州几万家打火机企业全部陷入了无“米”下炊的困境，生产陷入了瘫痪。徐勇水认识的一个香港公司老板感念旧情，愿意给徐勇水独家提供50万个电子打火装置，但必须用现金交易。当时，徐勇水千方百计只筹到了60万元，离所需的140万元相差甚远，无奈之下，徐勇水来到了在广州的五羊城酒店，这里是温州人做生意的聚居店，他对见到的每一个温州人说：“你借我5万元，一星期后我还你们6万元。”于是，140万元就这样奇迹般在一天之内凑齐了，徐勇水的口头合约挽救了温州所有的打火机厂。

信誉对于事业成功者是笔无形资产，特别是在市场经济日益深化、国际竞争越来越激烈的今天，信誉资源比任何时候都显得宝贵，尤其是对于一个创业者，创业的过程是非常艰辛的，如果没有诚信，没有信誉，创业会碰到许多的荆棘，因此在我们创造财富的道路上，要怀着诚信来签约，一步一个脚印地走向成功之道。

心灵悄悄话

诚信签约不仅体现在商业中，同时也体现在我们生活中的每一处；诚信签约不仅代表一种商誉，也代表着一个人的品德。懂得诚信签约的商人才是最有远见的商人。

第五篇 >>>

吐然诺堪比五岳重

一个没有信用的人，就好比墙上的芦苇，终究站不住脚跟。而一个有信用的人，不论处在什么环境下，因为有“重信守诺”的好名声，别人自然会格外予以信任。博取他人的信任，不能光说不做，要通过身体力行，一点一滴地去积累、去建立，方能取信于人。

信用对于做人十分重要，古圣先贤认为信用乃为人之本，孔子就说：“无信不立”，这包括个人和政府，没有信用就站不起来。个人没有信用，就没有人相信，不被人相信的人，就不能在社会上立足，干不出什么大事。

诚信是不轻易许诺

倘使轻率地对人许下承诺，之后却又无法如实地兑现自己的诺言。这结果不单使自己成为毫无信义可言的失信之人，同时也常因此为那些与自己相约的人们带来程度不一的种种伤害。

中秋节快到了。一天傍晚小白的朋友小琴打了通电话来，说想趁着连续假期，回家看看爸妈，也让爸妈看看自己。

“很好啊！”小白说。

“可是……”只听她在电话彼端支支吾吾了起来：“可是……我在想，我这一回去，就是好几天，那我才刚养不久的小狗，一个人在房里，要怎么办呢？带着它去搭车呢？还是……即使沿途不塞车，也得在车上待好几个小时，实在很不方便。所以……所以我才想说，能把小狗带到你家，帮我照顾？”

听到这儿，在电话这端的小白，不禁愣了一下，由于小白自小怕狗，几乎是友人间众所皆知的事，至今，似乎不曾有人向小白提出过“代为照料小狗”的要求。不过稚龄的小狗狗独自待在家里，好几天没人照顾确实很可怜，念及此情此景，小白的恻隐之心油然而生。只是，向来对狗有着莫大恐惧，且无论什么体型或品种，一概从不例外的小白，恐怕连把小狗从她家带回来，都有天大的问题吧？

况且，即使是她在回家前，先将那只小狗带来给小白，但是，总不能让这只小狗来到家中做客的这些天，终日被关在笼子里！这又是另一个更大的问题！

自知

以光速在脑海里考虑了几分钟，小白终于万分愧疚地下定决心。

强迫着自己，狠下心肠对她说："抱歉，这件事我真的没办法答应，因为我真的真的很怕狗，无法帮你照料好小狗狗。不如我帮你问问其他朋友，看看有没有人能代为照顾小狗几天好吗？"

小白不知道自己选择这么做，在拨了电话来的朋友眼中会不会显得不合情理；但小白只觉得："如果我很清楚这是我做不到的事，那么我凭什么答应人家，又为什么要答应人家呢？"

若是违逆了自己的真意，欺骗了自己也欺骗了对方。轻易地答应某件事，却最终落入没有履约失信于人的结局。如此不如不答应。

"轻诺"，向来都只会伤害"互信"。而彼此真心诚意的"互信"，却是所有建构人际关系的基本元素中，最为重要且无可替代的一环！

忠心耿耿的良臣甘茂，在秦国虽官拜"相国"一职，然而，长久以来，秦王的心里，却始终较为偏爱另一位臣子——公孙衍。

某日秦王避开众人耳目，悄悄地对公孙衍承诺道："日后，我一定会对你有所提拔，我准备升你为相国！"这个消息，很快便流传了出去。

当那些在甘茂手下任职的官员们，听到了这个消息后，纷纷将其转述给甘茂。得知此事的甘茂，决定亲自进宫拜见秦王。一见到秦王，甘茂立即躬身对秦王说："大王将得贤相，微臣在此斗胆为大王贺喜！"秦王听了甘茂的话，心中不由得大惊失色！

他连忙对甘茂说："我已将国家托付于你，何须另觅贤相呢？"

"大王不是将立公孙衍为相吗？"甘茂满脸狐疑。

"这消息……你是打哪儿听来的？"秦王问。

"人们说，是公孙衍告诉他们的。"甘茂回答。

对此感到窘迫异常、无言以对的秦王，最后只得将公孙衍驱逐出境。

与其最终失信于人，并因此而折损自己与朋友之间的情谊，还不如一开始，就先对自身所在的客观处境与自己生活中的实际状况进行分析，然后再以此判断自己是否该应允这承诺。

“不轻诺”，不仅是对一己声誉的维护，更是人之相与应有的良善美意。

曾听闻一家知名的制造商，在换了位新任经理后，便撤走了工厂里设置多年的打卡钟。这么做的唯一理由是：这位经理认为“员工们都是成人了，知道自己何时该工作，以及公司对他们的期望为何。”

起初，员工们怀疑厂方将以此作为下一次劳资谈判的筹码……后来，该公司的员工们，也以“绝不迟到”的实际行动，来证明公司给予自己的这份信赖是值得的！

倘使人人彼此尊重真心互信，想想，这个不再有欺瞒狡诈存在的世界，将是多么美好！要记得：“活在每个人身上的，是和你我相同的性灵。”德国哲学家叔本华如是说。

心灵悄悄话

如果你做不到，就不要轻易许诺，轻易答应别人。如果做不到答应别人做的事情，终究会招来麻烦。这样，只会让自己更难堪。要做到诚信，就不要轻言许诺。

一诺值千金

君子一言既出，驷马难追；言必信，行必果。这是做人的学问，也是做人的资本。

普鲁士陆军元帅布吕歇尔是一位诚实守信的将军。有一次，他率领大军在崎岖的山路上急急忙忙地行军，他必须尽快去援助威灵顿。战时一刻值千金，但此时士兵们已经疲惫不堪，道路泥泞，部队实在难以快速前进。布吕歇尔不停地鼓励士兵们加油：“快点，孩子们——向前，再快点。”

士兵们汗流浃背，已经尽力了，不可能再快了。但布吕歇尔还是不停地鼓励他们：“孩子们！我们必须全速前进，我们必须准时到达目的地。我已经答应了我的兄弟部队，你们知道吗？你们千万不可让我失信！”

在布吕歇尔的感召下，士兵们一鼓作气，终于准时到达了目的地。

大丈夫一诺千金。无论对任何人做出任何一件许诺的时候，都必须慎重地掂量，视它价值千金！无论对大人对小孩，对恋人对仆人，对妻子对父母，对同事对朋友，对上司对下属，对名人对凡人，对老师对同学，不论对什么人都是这样。也无论大的许诺小的许诺，眼前的许诺将来的许诺，什么样的许诺，什么时候做出的许诺都是这样。你的许诺价值千金。

承诺的力量是强大的。遵守并实现你的承诺能使你在困难的时候得到真正的帮助，会使你在孤独的时候得到友情的温暖。因为你信守诺言，你的诚实可靠推销了你自己，你便会在事业上、婚姻上、家庭上获得成功。

心灵悄悄话

在你已经许诺了以后，就应该认真地对待，努力地去实现它。如果你做不到你曾许诺过的事儿就应该及时地通知对方，充足的理由和真诚的歉意会使别人原谅你，同时也可能避免不必要的损失。

以“珍惜”守护约定

两千多年前的古代中国，正值诸侯割地自封，诸子百家争鸣的春秋时期。当时，统领吴国的吴王膝下有四个儿子。

在吴王的这四个儿子里，以四子季札最为聪明。因此，吴王心中很想将王位传与季札。但吴王没料到，季札获悉此事后，却坚决不肯接受！

他对吴王说：“父王，您还是请大哥来继承吴国的王位吧！您与其要我继承王位，还不如让我为吴国去四处拜访邻国，如此对吴国的外交，不是更有助益?”

“你真是我的好儿子啊！”吴王听了季札的话，不禁拍了拍他的肩膀，说，“好吧！那么，我现在就赐给你一把代表吴国的宝剑，让你代表吴国出访吧！”

接过这把宝剑的季札谢过吴王，就带着它，出发前往四方邻国去了！

在季札来到徐国时，由于与季札一见如故，徐王十分热情地欢迎季札。季札在徐国宫中，便因此多留了几天。

某日，当季札与徐王正在聊天时，徐王望见了季札系在腰间的那把宝剑。

“真是一把好剑啊！”兼擅武艺的徐王称赞季札的剑。“是啊！这把剑，可是吴国的国宝呢！”季札口中说着，一面便将宝剑递给徐王。

徐王接过剑放在左手，然后用右指在剑上一弹，果然发出“铮”的一声！

"要是我也有这样的一把好剑，该有多好……"

眼见徐王的欣羡之情溢于言表，对此心知肚明的季札，很想当下就将这把剑送给徐王！可是，碍于自己还得前往其他国家，若不佩着这把剑，自己何以代表吴国呢？季札只得暗暗在自己心中对徐王允诺道：待我结束行程，定会回到徐国，将这把剑送给你！

直到半年多后，已经走遍诸邻国的季札，才再度回到徐国。一抵达徐国，季札便急着想尽快拜见徐王！哪里晓得，当徐国宫中负责通报的门人见到季札来访，却霎时眼眶一红，掉下眼泪。

"自从您离开徐国不久，徐王便生了一场大病，并于数月前过世了。"门人哽咽地对季札说。

"什么？徐王死了！"

季札听到这消息，全身如遭电击！

呆了半晌，季札才回过神来，开口问那门人："请问徐王葬在何处？你能带我去吗？"

门人点点头，静静地带着季札，来到徐王位于南山的墓前。季札走近那墓，见到墓旁的青草，一株株都已长得又高又大，心中不觉一酸。

他伤心欲绝地在徐王墓前哭道："徐王，我来得太迟了……当时许剑的诺言。只能现在实现了……"

说着，季札便将身上佩着的宝剑解下，轻轻挂在徐王墓旁的树上。站在一旁的门人见到这种情形，连忙阻止季札："徐王已经过世了，您还是把剑留在自己身边吧！"

"不行！"季札眼中噙着泪，语气坚决地说，"上回，我在心里答应了徐王，要在我出访结束时，将这剑送给他；如今徐王虽已过世，但我仍要履行我的诺言！"

门人听了，忍不住钦佩地称赞季札："季公子真是一位讲信义的人！"

自知

每每回想起“季札挂剑”这则流传久远的故事，总为其中浓郁的珍惜之心感动不已。开口相约，是件再简单不过的事。但是这世上有几人能如季札这般，将自己与他人的约定牢牢铭记心中，甚至至死不渝，仍如实履约……倘使不是真真切切地，珍惜着自己付出的一份真心，以及与自己相约的对方所付出的另一份真心，哪能如此?

虚情假意总难长久，唯有发自内心的真诚方能促使我们信守约定。

无论彼此是朋友、是情侣、是夫妻、是家人，甚至是同事、是长官与下属，相信没有人喜欢、希望自己被如此对待。况且若是这世上的人们，都这样彼此相待，大家不禁怀疑：到时世间种种人际关系，会变成什么模样?

倘若真心珍惜彼此的关系与缘分，便要仔仔细细地守护彼此的每一句约定才是！所以，英国小说家乔治·艾略特才说：“两个灵魂结合一起，在彼此的工作、成就与不幸中相互支持，直到最后告别的静默时刻降临，这是何等美妙的事。”

心灵悄悄话

只有珍惜的人，才能守护约定。只有珍惜的守护，才能算是真诚的、诚信的。对待约定，我们要时刻记住，只有珍惜它，才会换来更多美好的东西。因此，一个人只有说到做到，才能守护约定。

讲究诚信，深得人心

诚信是一种人格的体现，是人与人和平共处的基础，是创造和拥有财富的重要保证。恪守信誉，就意味着要对自己的承诺负责，言必信，行必果。承诺是件非常严肃的事情，对不应办或办不到的事，千万不要轻易应允，而一旦承诺就要千方百计去兑现。

《郁离子》中记载了这样一则故事：济阳某商人过河船沉遇险，他拼命呼救，渔人划船相救。商人许诺："你如救我，我付给你100两金子。"渔人把商人救到岸上，商人却只给了渔人80两金子，渔人责怪商人言而无信，商人反责渔人贪婪。于是，渔人无言走了。后来，这名商人又乘船遇险，再次遇上渔人。前次救商人的渔人对旁人说："他就是那个言而无信的人。"众渔人停船不救，商人最后淹死在河中。

事实证明，轻诺寡信或言而无信会造成严重的后果，而信守承诺却会带来巨额财富。埃及商人奥斯曼的事迹告诉我们，只有讲求信誉并让信誉为自己的事业服务，才是明智的做法。

奥斯曼，全名叫作奥斯曼·艾哈迈德，出生于埃及伊斯梅利亚城，幼年丧父，由母亲抚养长大。1940年，奥斯曼以优异的成绩毕业于开罗大学，并获得了工学院学士学位，重新回到了伊斯梅利亚城。贫穷的他想自谋出路，当一名建筑承包商，但当时却身无分文，只得在舅父的承包行里暂时栖身。1942 年，奥斯曼离开舅父，开始了自己的创业之路，虽然他手里仅有 180 埃镑。

奥斯曼相信事在人为，不应成为环境的奴隶。根据在舅父承包行所获得的工作经验，他确立了自己的经营原则："谋事以诚，平等相待，信誉为重。"创业初期，奥斯曼不管业务大小、赢利多少，都积极争取。他第一次承包的是一个极小的项目，他为一个杂货店老板设计一个铺面，合同金只有 3 埃镑。但是他没有拒绝这笔微不足道的买卖，仍然颇费苦心，毫不马虎。他设计的铺面令杂货店老板非常满意，杂货店老板逢人便称赞奥斯曼。于是，奥斯曼的信誉日益上升，他的承包业务也日渐发展。

20 世纪 50 年代后，海湾地区发现大量石油，各国统治者相继加快了本国建设的步伐。他们需要扩建皇宫，修筑公路等。这给奥斯曼提供了一个历史性的机会，他以创业者的远见，率领自己的公司开进了海湾地区，然后面见沙特阿拉伯国王，陈述自己的意图，并向国王保证，他将以低投标、高质量、讲信誉来承包工程。最终，沙特阿拉伯国王答应了奥斯曼的请求。后来工程完工时，奥斯曼请来沙特国王主持仪式，沙特国王对此非常满意。

奥斯曼讲究信誉、保证质量的为人处世方法和经营原则，使他的影响不断扩大。随后几年，奥斯曼在科威特、约旦、苏丹、利比亚等国建立了自己的分公司，成为享誉中东地区的大建筑承包商。

1960 年，奥斯曼承包了世界上著名的阿斯旺高坝工程。在这个工程中地质构造复杂、气温高、机械老化等众多不利因素，给建筑者带来了重重困难，从所获利润来说，承包阿斯旺高坝工程还不如承包别的建筑。奥斯曼为了国家和人民的利益，克服一切困难，完成了阿斯旺高坝工程第一期的合拢工程。然而，随后却发生了一件奥斯曼意想不到的事情，让他吃了大亏。

1961 年，纳赛尔总统宣布了国有化法令，私人大企业全都被收归国有，奥斯曼公司也在劫难逃。国有化后，奥斯曼公司每年只能收取利润的4%，奥斯曼本人的年薪仅为35万美元，这对奥斯曼和他的公司都是一次沉重的打击。但奥斯曼没有忘记自己的诺言，他委曲求全，毫不记恨，继续修建阿斯旺高坝。

纳赛尔总统看到了奥斯曼对阿斯旺高坝工程所作出的卓越贡献，于1964年授予他一级共和国勋章。1970年萨达特执政后，返还了被国有化的私人财产。奥斯曼公司影响逐步扩大，参加了埃及许多大工程的承包项目。奥斯曼本人到1981年拥有40亿美元的财富，成为驰名中东的亿万富翁。

讲究诚信使奥斯曼成为巨商，可以说，诚信是他一辈子的财富。

心灵悄悄话

一诺值千金，若一个人讲究诚信，承诺的事情就兑现，那么他获得的将是无限的财富和绝佳的人际关系。生活中，请慎重许诺，若有许诺，就应该无条件兑现。

诚实守信勿说谎

做一个诚实的人，就不应该在犯错的时候，用说谎来掩盖事实。因为谎言终有一天会被揭穿的。

不诚信的人终会为自己的行为付出代价。谎话即使再完美，也有遮不住的时候。在工作的时候，如果用虚伪的外表包装自己，借以欺骗领导，到头来都会葬送前程。职场上，不讲诚信的员工或许能得到一时的发展，但是最终却会为自己的行为付出惨重的代价。因为大多数人都不喜欢欺骗自己的人，而不讲诚信，就是对别人的一种欺骗。这种人在职场上不能得到上司与同事的欢迎，他们的工作也会因此受到影响，职场发展受到阻碍，甚至还会失去工作。

小王是一家公司的新员工，但是她的表现十分不好。但是为什么能力如此不强的人能够进入这家公司呢？原来，这不得不说到这样一件事情。

当初她来公司面试时，简历上写着有“2 年以上同行业的客服工作经历”。当时的面试者也没多想，就相信了她，并很快地为其办了入职手续。

入职后小王的表现令人大跌眼镜：抱怨三班倒难以适应；回答客户咨询时信口开河，明知道不是公司所能提供的服务也全部承诺下来；经她电话接待的客户，流失率很高……后来经 HR（人力资源部）核实才知道，小王的本科学历是花 500 元买的假证书，而其所谓的“2 年以上同行业客服工作经历”更是信口雌黄。由于其严重缺乏诚信，属于严重违纪，公司作出了与她解除合同的决定。

小王为自己的不诚信付出了代价，这不能不令人深思。也许职场上依然有像小王一样的人，依然在自己的伪装下工作着，并担心着某天自己的“秘密”被发现，然后被开除。其实，早知如此，何必当初，天底下没有不透风的墙，即使能骗得了一时，却骗不了一世。而且，不光是在职场中，无论在什么样的情况下，都应该做到诚信，不能对别人有一丝一毫的欺骗，欺骗别人其实就是害自己，因为最终付出惨重代价的始终是自己。

在一所大医院的手术室里，一位年轻的护士第一次担任责任护士。“大夫，你只取出了11块纱布，”要缝合时，她对外科大夫说，“我们用了12块。”

“我已经都取出来了，”医生断言并不容置辩地吩咐道，“我们现在就开始缝合伤口。”

“不行，”护士抗议说，“我们用了12块。”

“由我负责好了！”外科大夫严厉地说，“缝合！”

“你不能这样做！”护士激烈地喊道，“你要为病人想想！”

大夫微微一笑，举起他的手让护士看了看这第12块纱布，说道：“你是一名合格的护士。”他在考验护士是否正直——而她具备了这一点。

诚实正直的人富有献身精神。如果说良知是正直的心灵源泉，那献身便是正直的精神核心。对一个医者而言，这一点是非常重要的。医生的职责就是救死扶伤，善待生命。如果这个护士没有坚持她的正直与诚实，他们的所作所为也会最终被拆穿。那时候，他们的最终下场，不仅是给病人造成病痛的折磨，也有可能给病人造成生命的危险。追究其责任，他们轻则被免职，重则还要坐牢，后果是不堪设想的。所以，没有谁迫使我们严格要求自己，也没有谁强迫我们献身，同样也没人压迫我们服从自己的良知。但每一个人都要做到这一点。

做一个诚实守信的人，就不要说谎。真理、正直、公平和高尚是永远分不开的。一个美国著名的政治家给他儿子写信说："谎言来自卑鄙、虚荣、懦弱和道德的败坏。谎言最终会被揭穿，说谎者令人鄙视。没有正直、公平和高尚，就没有人能够取得真正的成功，能赢得他人的尊敬。说谎的人迟早都会被发现，甚至比他自己想象的还要快。你真正的品格一定会为人所知晓，一定会受到公正的评价。"

心灵悄悄话

我们对说谎正确的态度是既要抓住不放，及时纠正，又要谨慎对待，还要了解情况，在摸清情况的基础上，认真反省。要懂得：做错了事就勇敢地承认，这才是诚实的人，才会受人尊敬。

与人约决不失信

冒雨赴约，文侯取信虞人。魏文侯，姬姓，名斯，战国时魏国的建立者。公元前445年—前396年在位。他为人信守诺言，凡与人约定的事，即使是对下级官吏也一定守约。《战国策·魏策》记载了他与虞人期猎遇雨仍赴约的事，充分地说明他是如何守约。

魏文侯和虞人约定时间要去打猎，到了约定的那一天，文侯正饮酒很高兴，不巧天下雨了，他还是要赴约，左右侍臣说："今日饮酒乐，天又雨，君将焉之？"文侯说："吾与虞人期猎，虽乐，岂可不一会期哉？"他还是冒着雨前去了，这一天，他因冒雨打猎，弄得十分疲倦。作者对此评论说："魏于是乎始强。"

为什么魏文侯守信赴约，却说是"魏于是乎始强"呢？虞人只不过是一个掌管山泽的小官吏，约定期猎那天，遇雨本可改期，即使文侯不来，虞人也可料到，不会怪文侯不赴约，但是文侯还是冒雨赴约。这一消息一传开，全国臣民都敬佩文侯是个很讲究信用的人，因而他的信誉更大了。事实上，文侯对一个小官吏尚且如此守约，对其他人也必然是如此。他能守约，是因他尊重人，而他尊重人，是由于他为人能礼贤下士，故多得贤助，上下一心，建设国家。

魏文侯曾任用李悝为相，吴起为将，西门豹为邺令，在这些贤臣的辅佐下，奖励耕战，兴修水利，进行改革，使魏国成为当时强国。秦曾欲伐魏，有人劝说："魏君贤人是礼，上下和合，未可图也。"文侯由此得誉于诸侯。

与人约定，或答应人家的事，必须照办，决不能失信。因为信誉是人之本，有了信誉，做任何事情都好办。如果言而无信，也就失去了信誉，也就失去了做人之本。

心灵悄悄话

做人必须重信誉，重信誉就要言出必行，这也就要求做人说话要慎重，凡与人约定，或答应人家的事，必须是可能做到和必须要做的事，不要随便许愿，随便答应。

诚则履行承诺

中华民族有个古老的传统，那就是对信用与名誉的注重。你听说过“抱柱守信”的故事吗？

古时候，有位年轻人，和人相约在桥下。他等了许久，也没见到约会的人。一会儿，河水上涨，漫过桥来，他为了守信，死死地抱住桥柱，一个心眼地等待着友人的到来。河水越涨越高，竟把他淹死了。这位年轻人抱柱而死的行为尽管有点迂腐，然而，那种“言必信，行必果”的品格，却是永远值得人们敬佩的。

有许多诺言是否能兑现得了，不只是决定于主观的努力，还有个客观条件的因素。有些照正常的情况是可以办到的事，后来因为客观条件起了变化时办不到，这是常有的事。我们在工作和生活中要取得诚信，不要轻率许诺，许诺时不要斩钉截铁地拍胸脯，应留一定的余地。当然，这种留有余地是为了不使对方从希望的高峰坠入失望的深谷，而并不是给自己不做努力埋下契机。

在与人交往时，我们常会听见或说过那些并非出自本意的客套话，而人们对于这些社交辞令也往往不加重视。比方说，当一群人在谈论戏剧时，你可能会听到这样的对话，“我非常喜欢欣赏戏剧，尤其是刻画现代人生活点滴的戏。”

“你喜欢那样的戏啊！真巧，我认识一位剧场经理。他们的剧场最近要推出你欣赏的戏种，这样吧！改天我帮你要一张门票。”这是极典型的双方均不认真的社交会话。如果说这是约定，倒不如说它是谈话时的润滑剂。

有一天，当你与客户交谈时说，“海南的椰子很有名!”你说出此话的原因，当然不是在暗示他，你想要吃椰子，而只是将名产列入话题罢了！因此，在听到这位客户说“正好下周我去海南，到时候我带来两只送给你”后，你自然摆出一副煞有介事的模样，回应“好啊!”实际上，你从未认真过。

但令你吃惊的是，一星期后你收到了这位客户送来的椰子！你会惊讶，是因为料想不到在世界上竟然还有如此老实憨厚的人。就是这一次，会让你对这位客户的印象非常良好。

所以，确实地履行自己所作的“改天”的承诺，必能打动对方的心。然而，或许有人会认为自己与对方的态度不同，何必如此认真地履行承诺。不过，就因为对方的不当真，而你却以认真的态度面对所做的“约定”，产生的效果才会更大。换言之，对方对你这种履行诺言的诚信行为，引发出的喜悦及赞赏会随着吃惊程度而成正比增加。

现代人在面对自己曾许下的诺言时，常以马虎轻率的心态处理。比如说，有人以为逢人便说“改天我们去吃个饭吧”或“改天我们去喝杯咖啡”是八面玲珑的做法。实际上，所得到的效果却适得其反。在表面上，对方也许会因场面的关系而应声附和，但在私底下却对你经常开支票，而且是不能兑现的空头支票产生反感，对你的信赖更是逐渐降低。

心灵悄悄话

一旦许下诺言，就要努力实现，即使是付出代价。如果不能实现，一定要及时地向对方说明情况，请求谅解，这也是一种真诚和坦率。

真诚也需要艺术

为人处世真诚和坦率是必要的，但是千万不能为了“真诚”而伤害别人。许多人以为有什么说什么便是真诚，可是常常物极必反，有时候人并不喜欢真实，直筒子的人还是应该多体会体会“含蓄”的艺术，应该避免说话生硬。

舞蹈家邓肯是19世纪最富传奇色彩的女性，热情浪漫外加叛逆的个性，使她成为极为反对传统婚姻和传统舞蹈的前卫人物。她小时候更是纯真，常坦率得令人发窘。

圣诞节，学校举行庆祝大会，老师一边分糖果、蛋糕，一边说着：“看啊，小朋友们，圣诞老公公替你们带来了什么礼物？”邓肯马上站起来，严肃地说：“世界上根本没有圣诞老公公。”老师虽然很生气，但还是压住心中的怒火，改口说：“相信圣诞老公公的乖女孩才能得到糖果。”

“我才不稀罕糖果。”邓肯回答。老师勃然大怒，就罚邓肯坐到前面的地板上。邓肯的回答没有错，但是，真诚并不是对人有什么说什么。

人无论处在何种地位，也无论是在哪种情况下，都喜欢听好话，喜欢受到别人的赞扬。的确，做工作很辛苦，能力虽然有大有小，毕竟是尽了自己的一份力量，当然希望自己的努力得到他人和社会的承认，这也是人之常情。会为人处世的人，此时必然避其锋芒，即使觉得他做得不好，也不会直言相对。而生性油滑、善于见风使舵的人，则会阿谀奉承，拍拍马屁。

那些忠直的人，此时也许要实话实说，这就让人觉得你太过莽直、锋芒毕露了。有锋芒也有魄力，在特定的场合显示一下自己的锋芒，是很有必要的，但是如果太过，不仅会刺伤别人，也会损伤自己。

现在，就让我为大家介绍下表现真诚的技巧，在日常生活中，它是如何运用的。在表达看法或建议、要求时，讲话要慢些，这容易给人诚实的印象；如果说话很快，则易让人产生轻浮的印象。

有充分理由的观点或要求时，若能以轻声的口气说话，就会较容易让人相信和接受。与人交谈的时候，上半身往前倾斜，可表现出你对交谈者和所谈事件的强烈关心。“随时随地听您的吩咐”这句话可使对方感觉到你的诚意。认真时，有认真的表情，可笑时，则尽量去笑，会给人感觉良好的印象。与客人或朋友同事握手，一定得比常规距离更近一些，能表示你的友好和热情。以手势配合讲话，比较容易把自己的热情传达给对方。

即使是在交际场合或工作之余，和上司一起相处在开放式的情绪中，翌日早晨都应该规规矩矩地上班，而且要比上司更早开始工作。因为这种做法会让上司知道你是个公私分明、把握原则的人，进而加强了对你的信赖感。

恪守在谈笑间所订的诺言，可加深对方认为你是很诚实的印象。

心灵悄悄话

真诚也需要艺术，如何才能做到真诚，如何才能真正表达出真诚，都是需要学习的，恪守在谈笑间所订的诺言，将有助于你真诚形象的树立。

信用乃为人之本

信用对于做人十分重要，古代圣贤认为信用乃为人之本，孔子就说：“无信不立”，这包括个人和政府。个人没有信用，就没有人相信，不被人相信的人，就不能在社会上立足，干不出什么大事；政府没有信用，人民就不相信，不被人民相信的政府，政令就不能施行，国家就治不好，终将会垮台。

孔子将“无信”形象地比喻为：“人而无信，不知其可也。大车无輗，小车軏，其何以行之哉?”意思是说，做人不讲信用，那是不行的，就好像大车没有輗，小车没有軏，又怎么能使驶呢？

当然，讲信用要讲原则，不能违背公利，即不能违背国家、人民和民族的利益。孟子就强调一个“义”字，他说：“大人者，言不必信，行不必果，惟义所在。”意思是说，道德高尚的人，所说的不一定都守信用，办事不一定都落实，只是本着“义”去行事。孟子这么说，并不是与孔子唱反调，否认信用的重要意义，而是要求讲信用要在“义”的基础上，这是符合孔子对事物的是非评判原则的，即将之纳入道德的规范，以道德作为评判事物是非的准则。信也如此，不符合道德也是不足取的。如果社会上的人，很讲信用，他们守信而做的事都是非道义的，就不值得颂扬，而且必须予以否定和反对。

古能成大事大业者，大多以信义于天下。信与义相结合，就大得人心，故得人信任、支持和拥护。齐桓公、晋文公能称霸于天下，就是因此。齐桓公得到诸侯的归附，是因能遵守所签订的盟约，且能扶弱救弱；晋文公就以“尊王”相号召，并能以信服人。诸葛亮一生以信义为其做人行事的准则；他治军也如此，因而得军心，为之出力效死，故能以五万兵力抗击魏国三十万大军，使魏主帅司马懿畏蜀如虎。

信用如此重要，故得到人们的重视，有“一诺千金”之誉。这典故来自季布，因其重言诺，答应别人的事一定尽力去做，那时人称他“一诺”值“千金”，形容其“一诺”之可贵。商鞅能变法成功，明太祖能取得国治，都因言既出一定照办，而得到人民的信任。唐初出现贞观之治，是因其君臣以信为治国之纲，唐太宗主张待人以信，反对行诈，他说：“流水清浊，在其源也。君者政源人庶犹水。君自为诈。欲臣下行直，是犹浊源而望水清，理不可得。”

魏征认为要管好国家在于“上下相信”，因“上不信则恹以使下，下不信则无以事上，信之为道大矣。”东汉的范式为人重信义，因而为时人所信赖，认为是可以托生死的人。

心灵悄悄话

个人没有信用，就没有人相信，不被人相信的人，就不能在社会上立足，干不出什么大事；政府没有信用，人民就不相信，不被人民相信的政府，政令就不能施行，国家就治理不好。

许诺就是负债

“一诺千金”，这句话的典故来自季布。季布是楚人，为人重义气，重言诺，答应人家做的事就尽力去干，因此在楚国百姓中流传着一句谚语：“得黄金百（斤），不如得季布一诺。”季布一诺，比之千金贵，其意在形容其“重言诺”之可贵。如果为人言而无信，人们就不信任，那在人们的眼中就毫无价值了。

季布由于重言诺，不只得到人们的信任，也得到爱戴和帮助。季布原是项羽的将军，因曾数困刘邦，及项羽败，刘邦得天下，登帝位，是为汉高祖时，便出千金赏捉拿季布，并宣告：“敢有舍匿，罪及三族。”但是，人们爱戴他，都冒着诛三族的危险藏匿他，后来得到濮阳周氏和鲁朱家的帮助，通过人去说刘邦，得到特赦，还任他为郎中，后升任中郎将、河东太守。由此可见，重言诺，人们就信任、敬仰。

由于季布对任何人物所做出的承诺都毫无例外地加以兑现，因而他在老百姓的心中是非常讲诚信的。他的信誉是用无数个兑现了的诺言换来的，是远远超过千金的。一个人如果能做到这一点，他的人生是成功的。然而，守信一两次是不难的，难的是一辈子守信，而信誉这棵树却是极难成长却又极易夭折的。你也许用了大部分的心血，用你的诚实、兑现诺言去浇灌它，而一次失约也许就使它夭折了。

许诺是向对方做出承诺，就像向对方借了一笔债，从你开口那一刻起，你就已经负了一笔债。而且，诺言是生命的债务，许诺越多越要付出更多的利息，避免债台高筑的唯一诀窍是只做不说，或多做少说。

心灵悄悄话

当你的口中承诺了，就照着去做吧，如果你没有做，就是负债。也许你有承诺的习惯，但是不兑现却成了常事，如果发现有这样的毛病，尝试着改变吧。也许只做不说是个好办法。

只有兑现，没有条件

能否取得别人的支持，决定于能否取信于他人，而关键在于是否重言诺。你的信誉是靠兑现诺言建立起来的，所以对于诺言，我们只有兑现，而不能讲条件。

商鞅，战国时卫国人，公孙氏，名鞅，称卫鞅，后秦封于商，故称商鞅。初为魏相公叔座家臣，后入秦进说秦孝公实行变法。在实行变法的过程中，经过艰苦的说服和斗争，而令出必行是其取得变法成功的重要原因之一。

史记有商鞅本传，记其变法甚详。在公布变法令前夕，商鞅先取信于人，使人们相信他令出必行。他置一根三丈长的木于国都市南门，下令说有谁能将此木搬到北门，赏给五十金。“重赏之下必有勇走”，有一人想得五十赏金，就不顾一切把木搬到北门，商鞅立即如数赏他五十金，以说明他是令出必行，说话算数的。于是公布变法令。

推行变法一周年，在旧法中获既得利益者说变法不好的计有千数，尤其是秦国贵族更强烈反对，太子还起带头作用，他明知故犯，阻挠新法的推行。如何对待太子犯法，是变法成功或失败的关键。如果是因太子犯法而不敢处理，反对变法的势力就将更猖狂，变法令就难以推行，变法必将遭到失败。商鞅为使变法令出必行，以推行新法，断然地处理此事：因太子是君嗣，不能对他施刑，但他犯法是由于其师傅教育不好，于是刑其傅公子虔，黥其师公孙贾。从此，没人有再敢犯法。新法实行十年，秦国人民得到好处，新法也取得成功："道不拾遗，出无盗贼，家给人足。民勇于公战，怯于私斗，乡邑大治。"

在我国古代众多名帝中，朱元璋和李世民是两个非常讲信义的明君。朱元璋一向以令出不改著称，而李世民则以信为治国之纲。

明太祖，姓朱，名元璋，濠州钟离太平乡（今安徽凤阳东）人。家穷，无以为活，去当小和尚，后趁元末大乱，投入起义军，在战斗中不断成长，打下天下，从一个小和尚成为明朝的开国君主。他在总结其能统一天下的经验时，说是因他"布信义，守勤俭"。他能"布信义"，也是因他令出必行，说话算数。如他当和州总官时，就召集父老谕之说："元失其政，干戈烽起，我来为民除乱，其各安堵如故，贤士我礼之，旧政不便者除之，吏无贪暴害我民。"尔后，他打天下都是照此行事的。因而其军到处，民乐归附，地方安定。及其得天下后，仍然是以"布信义，守勤俭"为其治国的准则。他尤其关心民生，答应了的事就不容更改。《明太祖训·却贡献》记载他不同意再征已下令减免的租税事，就足以说明这一点。

公元1368年十一月间，山西汾州官上奏："今岁本处旱，朝廷已免民租。秋种足收，民有愿入赋者，请征之。"明太祖对侍臣说："此人盖欲剥下益上，以觊恩宠。所说聚敛之臣，此真是矣。既遇旱，后虽有收，仅是给食，况朝廷既已免其租，岂可复征之？昔孔子论治国宁去食，不可无信。盖反征之，岂不失信乎？夫违理而得财，义者所耻，厉民以欲，仁者不为。"于是，对山西汾州官所奏，严予拒绝。

朝廷已免租，是否再征，这关系到是否有信义的大问题。山西汾州官考虑的不是信义，而是如何多征赋税的问题。本来朝廷已免征赋税，就不能再征，如再征就将失信于民，将使人民不再信任，国家则何以治民。所以，明太祖提高到信义的高度来认识，严词拒绝，批评山西汾州官员"欲剥下益上，以觊恩宠"，是"聚敛之臣"。"聚敛之臣"表面上似是为国家增加收入，而对民不利，也实是对国不利，因农民夏收遇旱，生活极其困苦，秋收虽有所得，应该让他们有余力投入生产，发展生产，以改善生活，这样民足国亦足；如果再征，不只失信而且使民处于穷困，民困国何能富，因为人民和国家的富都是密切相关、互为因果的。

“民无信不立”，贞观君臣以孔子这名言作为治国之纲，君臣之间论及治国时必然提及这个问题，《贞观政要》有《诚信》一章以记载之。

唐太宗很重视以信治国，反对以诈待人。贞观初，有人上书奏请除掉邪佞的人，唐太宗问他谁是邪佞，他说不出，却提出一个测验邪佞之法，要唐太宗假装发怒以试群臣，如能直言进谏的是正直的人，顺意迎合的就是佞人。唐太宗对封德彝说：“流水清浊，在其源也。君者政源，人庶犹水。君自为诈，欲臣下行直，是犹源浊而望水清，理不可得，朕常以魏武帝多诡诈，深鄙其人。此岂可堪为教令？”便对上书人说：“朕欲使大信行于天下，不欲以诈道训欲。卿言虽善，朕所不取也。”唐太宗还总结项羽因无仁信而失天下的教训，他对侍臣说：“传称‘去食存信’，孔子曰：‘人无信不立’。昔项羽既入成阳，已制天下，向能行汉之仁信，谁夺耶？”

魏征在奏章中也强调信用对治国的重要意义。他说：“德礼诚信，国之大纲”，“君主所恃，惟在于诚信，诚信立，则下无二心。”“言而不行，言无信也；令而不从，令无诚也。不信之言，无诚之令，为上则败德，为下则危身，虽在颠沛之中，君子所不为也。”他认为要治好国家。在于“上下相信。”他指出：“上不信则无以使下，下不信则无以事上，信之为道大矣！”唐太宗读了奏章赞说：“若不遇公，何由得闻此说。”

也正因认识到信是治国之纲，所以唐太宗说话行事都很谨慎，说了不干，恐失信于民；说错了干，有害于民，所以他说“自守廉恭，常怀畏惧”，故“每出一言，行一事，必上畏皇天，下惧群臣。”

唐太宗李世民由于“使大信行天下”，做到“言必信，行必果”，然后才有信誉，不仅得到臣民拥护，亦为后世所景仰。

心灵悄悄话

言必信，行必果。古时候，君为使臣民信服，就必须对自己的诺言进行兑现，而且是没有条件的兑现。一个能说到做到的明君，怎么能不受到人民的拥戴呢？

有借有还，再借不难

俗话说：“有借有还，再借不难，有借无还，再借就难。”许诺也是这样，许出去了诺言，只有兑现，别人才会信任你，如果许下诺言而不加以兑现，下一次别人再也不会相信你了。

美国作家约翰·汉伦曾参加过第二次世界大战，他亲身经历过的一件事令他难以忘却，他便写出来告诉大家：1944 年，圣诞节前几天，美国 101 空降师在比利时巴斯托涅周围的环形地带仓促布防。我们已被突进的德军包围，好像瓮中之鳖。我所指挥的空降营兵力约有 600 人，奉命进驻一个名叫安姆尔的荒凉小村，那里共有居民约 100 人。刚下了 6 英寸厚的大雪，我们的士兵穿着淡绿色空降制服伏在银白一片的战地上，等于是靶子。我立即召集参谋人员举行会议。有人建议使用床单作伪装。可是一时怎能收集到那么多的床单呢？

村长加斯巴，70 多岁，圆胖红润的脸上蓄了两撇大胡子，他这一辈子里，看到这个小村在 1914 年和 1940 年两次被德军侵占，此刻主动提出帮助我们。

他取下钟楼的绳索，开始敲钟。半小时内，教堂的走廊上堆积了 200 条白床单。

我告诉村民，“用完后很快会归还”。随即把床单分给士兵。

几分钟后，我觉悟到自己许下的诺言是何等的愚蠢。看，有的人把床单撕成方块，盖在钢盔上；有的人把床单撕成窄条，扎在机枪管上；有的人在床单上开个洞，套在头上，做斗篷。我们的准备可真算及时，因为在翌日凌晨4点钟，敌人就发动了破釜沉舟的攻势，激战了半天，我们活捉了50名俘虏。德军伤亡甚众，我军则损失轻微。

几天后，我们奉命调驻一个新防地，接着又转调别处。一路上有些床单散失了，有些破损后被丢弃了。不到半年，大战结束，我解甲还乡。

我从来没有想到，还会听到安姆尔这个地名。1947年秋，我在波士顿的报纸上读到一位记者访问第二次世界大战战场的报道。这位记者也到过安姆尔。当地居民说，他们复原的情况良好。报道又说有个人笑着说："如果借我们床单的那个美国人能归还床单多好啊！他答应用后就还的。"

我写信到报馆去，确认我就是记者所报道的那个言而无信的罪人。这封信在报上发表了。随后发生了一连串事件。邮寄包裹开始涌来。其中一个寄自缅因州，里面有一条床单和一张纸条，上面写着如果我要遵守诺言，这件东西或许有帮助。其他报纸也转载了这个消息，我又收到更多的床单和许多支票。

两个月后，就在1948年2月，我履行了诺言，回到安姆尔。正好那一天也是大雪纷飞。加斯巴先生站在他屋前圆石砌的台阶上，把敲钟的绳索递给我，我使劲敲钟，村民们像1944年那样朝教堂走过来。在那里，我终于偿还了安姆尔村民的床单。可见，兑现诺言是何等重要。

心灵悄悄话

有借有还，再借不难，有借无还，再借就难。就像许诺，若不能兑现诺言，就不要轻言许诺，否则，许诺将会毁坏自身形象。

言行一致，表里如一

表里如一，以诚信服人，是最高明的处世之道。不做当面一套，背后一套，背信弃义的人，这样的人才有魅力，才让人觉得靠得住。所以，纵使万般艰难，也须言行一致，表里如一。

信用的能量是巨大的，很多事情正是因为有了诚信才会绝处逢生，扭转势态，变难为易，变险为安。没有技术，可以请有这方面经验的朋友来帮助你；没有营业能力，可以请有营业能力的人来做事；没有资金，可以向银行借贷。如果没有信用，将是最大的致命伤。

僖公二十五年冬天，春秋时五霸之一的晋文公带领军队攻打原国，事先与官兵约定3天结束战争。到了第三天，原国还没有攻下来，晋文公就命令撤退回国。这时，晋方的间谍回来报告说："原国人支持不住，就要投降了。"晋方有的将领主张暂缓撤兵，但晋文公却坚持认为与其得到一个原国而失信，还不如不要它，因此坚决撤回了围攻的军队。

晋文公虽然放弃了到手的胜利，却树立了自己讲信用的形象，得到了下属的敬重。如此一来，他战争中的损失也就算不得什么了。

一个人只有讲究信用，才能得到支持，并有所作为。大多数人都喜欢和一个有信誉度的人交往，大到言出必行，小到守时守信，都能够看出一个人的品格和素养。

自知

西周成王即位时还是个小孩子。一天，他和弟弟叔虞在后院玩耍，一时高兴，就摘下一片桐叶给叔虞，说："我封你为王。"第二天，大臣史佚一本正经地要求成王正式给叔虞划定封地。成王说："我这是和他在做游戏，怎么能当真呢?"史佚板着脸说："君无戏言。"成王马上明白了这句话的分量，就把黄河、汾水以东的100里地方封给了叔虞，这个诸侯国就是春秋中后期强盛一时的晋国。

据说，宋太祖有一天答应要任命张思光为司徒通史，张思光非常高兴，一直引颈企望宋太祖正式任命，但是始终没有下文。张思光实在等得不耐烦，只好想办法暗示。张思光故意骑着瘦马晋见宋太祖，宋太祖觉得奇怪，于是问他："你的马太瘦了，你一天喂多少饲料呢?"张思光回答："一天一石。"

宋太祖怀疑地问道："不少啊，可是每天喂一石怎么会这么瘦呢?"张思光又冷冷地答曰："我是答应每天喂它一石啊，但是实际上并没有给它吃那么多，它当然会那么瘦呀!"宋太祖听出言外之意，于是下令正式任命张思光为司徒通史。宋太祖终于通过自己的行动兑现了诺言。

在现实生活中，人与人之间的交往要做到言出必行。只有表里如一，言行一致，拿出"一言既出，驷马难追"的气概，才能让别人折服。

另外，遵守约定也是取信于他人的必备条件。在社会交往中我们不可避免地要与他人订立一些口头的协议，或订下某些规则，行动中只有认真执行，才能取得对方的信任。

贾谊说："治天下，以信为之也。"小信成则大信立，治国也好，理家也好，经商也好，交友也好，都需要讲信用。清代顾炎武曾赋诗言志："生来一诺比黄金，哪肯风尘负此心。"表达了自己坚守信用的处世态度和内在品格，一诺千金的典故便是由此而来的。信用不像钱那么简单，只要你有钱，就可以立即把它存入银行，要取就取，但是，信用就不会像钱这样来得容易、用得方便，要取得他人的信任是需要长时间积累的，信用无法在短时间内形成。因此，我们一定要为自己创造信用。

心灵悄悄话

一个人如果经常失信于人，不仅破坏了个人的形象，还会影响将来的事业发展。所以，在说话做事的时候，年轻人不可头脑发热，随便允诺别人。而一旦答应别人的事情，就要说到做到。

第六篇 >>>

心灵秘密与自省之道

离自己越近的东西，往往看得越不真切。自己，这个看似熟悉的名词，便常会因其几乎为零的距离而让我们手足无措。所谓当局者迷，旁观者清，对自己的认识似乎也往往来自于对他人的映射、借鉴。然而，这种借鉴不该是盲目的，更不该是一种依赖。我们都在寻求让自己变得更好、更加有智慧、有力量，内省能够帮助一个人很有效地看清自己、改变自己、提升自己，从而发现自己内在潜藏的宝藏。真正力量的源泉在我们之内。因此，要想创造美丽的人生，就从认识自己开始吧。

选择的秘密

对于正处于制约中的人来说，有选择就是有能力。那些制约使得现实看起来像是别无选择，可那是假象。当你的注意力得到跳跃和扬升，冲破了思想上的制约，也就是冲破了那些你自认为的不可能，你便来到一个更加广阔的天地，将有各种崭新的可能性来到你的面前，于是你的自由度扩展了。当自由度扩展到一定程度，你会感到任何事情都有多种选择，甚至是无数种选择，那么新的问题出现了——如何才能做正确的选择呢?

你做的各种选择，要符合内在的感觉，就是说要用你的心灵做选择。有人说，我的家人、我的工作、我的现有状况等让我不能按照心灵做选择，我只能根据这些情况做选择；虽然我的心很痛，很难受，但我不得不如此。越是这样的情况，才越能验证出你到底想要什么。而不做选择也是一种选择。当一个人不去顾及自己的心灵，致使心灵死亡了，他就成了行尸走肉，是真正的死人了。

通常，在选购鞋子的时候，你不但要看鞋子的质地、外表款式，还要试试鞋子是否合脚，舒不舒适。当你最在乎脚的舒适，而不太在乎别人怎么看你的鞋子时，你才能明白，要尊重自己身体和心灵的感受，而超越别人对你的看法。其实，别人怎么看你是别人的事情，和你一点关系也没有。有些人习惯于虚假的事物，要虚荣，要面子，去争取金钱、地位、名誉，可是自己的心被扭曲和折磨着。这和为了让别人认可你的鞋子好看，而让自己的脚在鞋里面滴血有什么区别呢?

就如同我们身体碰到火就感到灼痛，本能地会让我们立即跳开，避免被伤害一样，灵性的本能也会告诉我们，心里感到不舒服的事情就不要去做。试想一下，如果每一件事情你都是按照自己的内心愿望去做，你的心灵就一直是舒适的，那么你就不会太在乎结果，你会接受任何结果，因为任何结果也不影响你的内心感受了。因此，所有那些心里面的难过、痛苦、不舒服的感觉其实都是一个提醒的信号，告诉你某些地方出错了，你要重新选择，要超越外在，去做出让你心灵感到舒适的选择。

当我们活出心灵的本质，在纯然灵性的状态下，便无须再去做什么选择。终极的选择便是无须选择，因为到了那个状态，无论发生什么，你都会顺势而为，顺其自然了。

心灵悄悄话

在相同的境遇下，不同的人会有不同的命运。一个人的命运不是由上天决定的，也不是由别人决定的，而是自己。一个人若想改变自己的命运，最重要的是要改变自己，改变心态，改变环境，这样命运也会随之改变。

安全感的秘密

一个人活得好好的，为何觉得不安全呢？心里到底恐惧什么，担忧什么呢？

担忧和恐惧那些不可避免的事情，有什么作用？什么也改变不了，只是给自己增加烦恼。比如身体的死亡，它不可避免地会来临，因此，亲朋好友的去世，包括自己的去世都是到时候注定要发生的，担忧恐惧一件不可避免的事情仅仅是愚蠢地自我折磨而已。对于那些有可能发生，也有可能不发生的事情，别人的事情，担忧和恐惧能起什么作用呢？担忧和恐惧依然不能决定和左右事情能否发生，因而也是完全徒劳、没有作用和意义的。担忧和恐惧那些完全不可能发生的事情，等同于用自己的想象来吓自己，更是荒唐可笑了。

另一些人声称自己很有安全感，他会说，你看我和家人在一起，感觉很好，很安全，我爱我的亲人们。但当家人离去，他必须一个人时，心中升起了不安，恐惧开始袭击他。也有人说我生活得很快乐，我的公司运转正常，投资的基金都在升值，可是一旦形势逆转，市场惨淡，财富骤减，忧虑和惶恐便立即侵占了他。他们的安全感都是有条件的，情况发生变化，他们就无法再欺骗自己了。

正如有人用虚假的恐惧和担忧来折磨自己一样，另一些比较自我的人，用虚假的安全感来欺骗自己。基于外在的安全感不是真的，安全感是内在的，是一种无论外在如何，内心都毫无恐惧，自在安详的状态。可是，即便上面的道理都弄清了，也明白了这些恐惧是愚蠢、荒唐的，可还是恐惧、没有安全感。这是何故？

自知

就像一个孩子，在一个陌生之地和妈妈爸爸失散了，不知道自己在什么地方、自己是谁、要走向何方，此刻他的内心定会充满恐惧。我们来到人世间，就像这个孩子一样，和造物主切断了联系，我们不知道自己是谁，不知道自己在哪里，要往哪里去。这是一个人内在最深层的恐惧，这个根本的恐惧延伸出所有其他的恐惧。而当我们通过求道、寻求真理而回归了整体大有，我们找到自己、知晓自己后，根本的恐惧消除了，心中的安全感便自然地降临了，一切其他的恐惧也都消失殆尽。就如一旦光芒进入，黑暗就会立即消失一样。

心灵悄悄话

在每个人的一生中，都有很多次可以改变自己命运的机会，是往好的方面改变，还是往坏的方面改变，完全有赖于一个人对当时情形的认识。

战胜困难的秘密

我们会遇到许多外部的困难，但真正的困难在你之内。

将注意力的焦点放在你的目标上，而不是阻碍目标的困难上，你将获得战胜困难的勇气，也能获得实现目标的新途径与新机遇。我们无须直接去面对那个困难，去解决那个困难，而是不把困难放在眼里，不给它注意力，它存在着，但我们并不去关心它的存在。只看着目标，只想着目标，只做有用助于达成目标有效的事情。

但如果你对外部的困难做出反应，纠缠在所谓的困难里面，那么实质上困难在你之内，你必须能看到和外面的困难对应的那个你之内的“困难”。你内在的困难使得你对外面的困难做反应，所以，你要通过省察自己的反应，看到内部的问题出在哪里。本质上说，克服外部困难的过程就是战胜自己内部弱点的过程。其实除了我们内在的弱点和盲点之外，没有什么外部的困难需要去战胜。

所有那些跨越了艰难险阻的人，都是对目标拥有绝对信心的人。他们的注意力不离开目标，即使困难出现了，也毫不在意，而是将注意力一直放在目标上，直至成功！

当然，也存在另一种情况，遇到困难说明，原先的目标对于你来说是错误的，需要放弃和调整。所以，你需要明确地检视，那个目标是不是你从内心深处想要获得的，那个目标是不是你哪怕付出任何代价都想得到的，绝对的信心只会在绝对正确的目标上产生。

困难是有价值和意义的，只有中途有困难，有险阻，才会使达成的目标变得十分有价值和珍贵。而在不断战胜困难、向前迈进的过程中，我们可能增长了内在的意志和能力，使之变成一件辉煌和荣光的事情。否则，那么简单就成功了，你不会珍惜，不会觉得自己有所成长，有所收获。事实上，困难也是虚幻的；如果一场游戏太简单，就不好玩了。我们的人生就是一场要跨越很多关卡，不断升级才能玩赢的大游戏。

心灵悄悄话

如果总是顾影自怜，孤芳自赏，其结果就是你走不进别人的心里，别人也走不进你的心里。只要用一种正确的方式审视自己，生活将变得轻松愉快，事业将变得一帆风顺，而且一切都会改变的。

超越得失的秘密

也许我们从未得到过什么，因为没有什么不曾是我们的；也许我们从未失去过什么，因为没有什么是属于我们的。你觉得得到了，是你误以为自己没有；你觉得失去了，是你误以为自己拥有。无所谓得到，无所谓失去，那只不过是物象的流动。

我有什么东西、什么人，我失去了什么东西、什么人。这些话是什么意思？这似乎意味着那些东西、那些人是从属于“我”的。即“我”占有这些，当不能继续占有时，就是失去它们。假如说一个东西是被你占有的、从属于你的，那么你应该对这样东西拥有很多权利，你应该有权决定它的存在与不存在，以及它如何存在。这是从属关系所自然具备的权利。比如你捏了一个小泥人，这个小泥人是你创造出来的，那么你也有权利将它毁掉。

但人们常说“我的”——我的丈夫、我的妻子、我的亲人……他们从属于你？这说法背后是否暗示出你试图占有他们？两个欲彼此占有的人，带来的只有操纵、冲突。不平等、不相互尊重的人怎么能相亲相爱？你不会得到你的亲人，也不会失去你的亲人，他们不是因为你、需要被你拥有而来的，正如你不是因为需要被他们拥有而来一样。人们以各种关系出现在彼此的生命中，在人生的旅途上相逢、共处，通过彼此来了解生命本身。当“得到”和“失去”发生，都是让我们去深入了解生命本质的契机。

我们也常说“我的身体”，身体是属于你的吗？你对你的身体有何权利？谁创造的它？你可以阻止它新陈代谢，还是可以让它不生长和不衰老？我们不但对这些均无能为力，而且，许多人还反过来成为身体的奴隶，让自己属于身体了。身体自动做着一切，并不受我们的左右。其实身体更像是你用来游戏人间的道具，如果你认为得到了属于自己的身体，你就同时也得到了害怕失去的恐惧，你把这些道具看得太真实，超过了你的生命本身，那你注定会失落和痛苦。所以就变成不是你游戏人间，而是你被人间给游戏了。

我们和亲人、身体的关系尚且如此，更何况那些金钱、名利呢？可说更是虚幻一场。我们没有拥有过什么，除了我们的心灵内在的感觉、领悟；我们没有失去过什么，除了生命的进化、成长。

心灵悄悄话

我们常常做一件事就会成为习惯，而一旦形成习惯，它就会控制我们。但是我们每个人也有一股不小的缓冲能力。我们既然有能力养成习惯，当然也有能力去除我们认为不好的习惯。

建立友谊的秘密

真正的友谊是纯洁的。即双方单纯地分享彼此，没有其他价值的交换、交易在其中。在真正的友谊之中，双方在彼此的面前，都是有绝对的轻松感、自由感，没有目的性，没有彼此施加给对方的教条和制约。

世俗的友谊则不同，那种所谓的友谊是建立在彼此的相互利用、相互满足的基础上，彼此之间充满隐晦的交易和操纵。这本质上不是友谊，而是借友谊之美名从朋友那里得到好处或者进行互助交换。

一个自己不纯洁的人，如何与人建立纯洁的友谊呢？在能够与别人建立纯洁友谊之前，自己首先要具有完整性、纯洁性，这需要让自己具有独立的人格，有全然自我负责的态度。纯洁性体现在你单一地用心去行动，简单而自然。至少你懂得这件事情就是纯粹的这件事情，那件事情就是纯粹的那件事情，同时知道所有人、事、物之间都有其界限，不会混淆。

因而，建立纯洁友谊的秘密就在于你必须懂得界限。每一件事情都有责任归属人，每一个人都应该承担对于自己的责任和义务。如果你想与人建立很好的友谊，你必须知道，无论你们之间多么熟悉和信任，都不能无缘无故地把自己责任和义务范围之内的事情让你的朋友为你担当，也就是不超越界限，除非他主动自愿地帮助你。同理，如果你的朋友要求你做一些本该他自己需要去做好的事情，那么同样地你亦会觉得对方对你有了希望和要求，这使得你们之间有了某种压力，友谊的纯洁就被这样扼杀掉了。当然，在纯洁的友谊之中，彼此是会无条件地主动相助的，特别是有一方在危难中时。

我们需要先理解、学习一个人应有的界限，懂得尊重自己和别人的界限，建立好独立完整的人格和自我负责的态度，这样就打好了建立纯洁友谊的基础。

心灵悄悄话

人生有时很奇怪，很多事情在一开始就已经决定了结局，这完全是当时的一念之间的认识所造成的。所以，在遇到决定命运的大事时，不要仓促做决定，应该多想想。

愉悦相处的秘密

两个都在自由放松状态的人在一起就有愉悦感生出，可以自然地创造出快乐的气氛。但最常见的状况是，和某个人在一起会感到很愉悦，和另一些人就没有了这么好的感受。或者你自己也是一样，有时愉快，有时郁闷。这是怎么回事呢?

假如你觉得你的愉悦感是某个人给予的，当那人离去，你就不能快乐了。这样你将自己的愉快建立在了那个人出现的先决条件之上，但这不是事实。事实是，当那个人在场，你被带到了那个好的状态中，而你的那个状态并不是只有那个人才可以带给你的，那个状态潜藏在你之内，外在的某个合适的人，或者某个合适的场合把你内在的那个状态带动了，你就会感到愉悦。也就是说，你可以有很多种方式达到那个状态，那个人并不是唯一的途径。但是当你不明白这个内在的秘密，你就误以为只有那个人才能带给你愉悦。

换句话说，没有任何人可以给你愉悦，你必须有自己内心的愉悦。自身内心发展出来的愉悦是恒常的，是在平静之中生出，是源自你自身的，当你自身有了这种内在的愉悦，你也就成了这个美妙状态的源头。这个状态是与外界完全无关的。当你做到这一点了，你自己就成为“那个人”，就是那个有能力把其他人也带到愉悦状态的人。

所以，我们要做的是，让自己潜藏的内在的美好状态彰显出来。因为每个人都有这样的潜在状态，只是人们用无知、虚假把它掩埋了起来。你自己时而感觉好，时而感觉不好也是这个原因。当你进入这个状态，你本身已经有内在的平和、愉悦，你不需要凭借他物、他人就在内心具有安全感和充实感，独处时亦不会感到寂寞，能够自得其乐。而一个人渐渐地到达这个状态的过程，也就是灵性成长的过程。

对于我们，不是要找到某一个合适的人让自己感觉愉快，而是先让自己变成一个愉悦的人，变成愉悦的源头，如此，你便完全不再需要找寻，而是成为一个被别人找寻的人。

心灵悄悄话

在很多时候，很多人并不知道自己是个什么样的人，这不仅是人们常常存在的一种误区，而且往往也是人类很难超越的人性的弱点。要解决这个问题其实也很简单，照照镜子，你或许就能找回自信，找回那个真正的自己。

享受的秘密

有人说，我很享受生活，饮酒、吸烟、跳迪斯科……这里所说的享受完全不是这种对身体的健康、对生命的进化没有好处的不良行为。沉浸在那些对人、对己有害的行为和事物当中，不是享受。而我们要享受的是那些可以滋养生命成长的各种良性的状态和事物。

还有一种情况，当我们必须经历什么，必须和什么人、什么事情共处时，我们不要抗拒而是接受、顺从，然后和这些人、这些事情和谐地在一起，这也可以说是享受。所以，我们可以享受痛苦，享受同伴的唠叨，享受别人的愚蠢，享受事情进展的不顺利等。当你什么人、什么事情都能够享受，你就到达能够享受生命、享受存在本身的程度了。

不管是什么人、什么事你都能享受的意思是，外界的人和事都影响不了你，你可以淡然处之，亦可与之和谐共存。如何才能有这种享受的本领呢？在能够享受任何人、任何事情之前，你必须先享受你自己。

但享受自己是最简单也是最复杂的事情。说它简单，因为我们就是我们自己，享受自己是自然的事情；说它复杂，因为我们不认识我们自己了，我们一直离开自己做别人，这使得我们无论如何也不能享受自己了。所以，在能够享受自己之前，要先认识自己。要逐渐剥离那些不是自己的东西，那些后天附着于自己的东西，慢慢地，我们的本来面目就显露出来。

一个人无法享受生命，直到他以他的本质状态存在时，他找到了自己，他的心才彻底安宁下来。在绝对踏实、安然的状态下，真正的享受才成为可能。于是，你能享受自己了，进而可以享受其他人和所有需要做的事情，也可以享受无事可做，享受寂寞，可以充实地忙前忙后，也可以享清福。

享受是一种微妙的能耐，完全不是有没有什么事物让我们享受，而是我们要发展出能够享受一切的能力。

心灵悄悄话

一个人既然能够存在于这个世界上，就说明有存在的价值。人生好比是一个大市场，你认为自己的价值有多大，别人也会认为你的价值有多大，那么你的价值就会有多大。

内心满足的秘密

你对于人、事、物的限制越小、越少，也就是接纳的开放性越大，就越容易得到满足。比如，对于菜肴，你觉得必须色、香、味俱全才可以得到满足的话，那么如果遇到某些情况，只能得到简单的食物，你便不能享受和满足了。相反，如果无论是丰盛高档的宴席还是粗茶淡饭你都能接受的话，那么，无论什么食物都可能从你的细心品尝中带给你内心的满足。因此，内心是否满足，与外界的人、事、物关系不大，与你自身内在的对于人、事、物的限制性看法关系重大。当你能抓住本质，限制性便会减小，也就越简单；当你变简单了，那么简单的事物就可以带给你内心的满足。

一个满足的人，对物质的追求是有节、有度的，懂得分清什么是基本需求，什么是欲望。需求的内容是生存所必需的那些东西，这些东西是人本能地去追求的。而欲望则是那些超出基本生存之外的东西。当基本生存得到满足时，没有更多的物质欲望，会处在平衡之中，平衡会带来满足感。人毕竟不是为活着而活着，因而，基本生存满足之后，正道中的人，会追求文化等内在精神的东西，追求灵性、意识的进化。在逐渐产生的内在进步与升华中，人的心灵亦得到满足。

满足的人不去盲目攀比，知道自己要什么。不会因为别人拥有什么而自己也要去拥有什么，不会因别人的欲望而让自己也升起那欲望。人一旦被欲望带动着过度追求外在的东西，就容易堕入贪婪的深渊。所谓欲壑难填，这种追求永远不能让人感到满足。因满足只是内心的感受，外在的东西无法直接满足内心，物质无法直接满足精神。许多人以为物质与精神之间有某种桥梁，但这是个错误。物质的丰富能够带来身体的舒适和方便，但不能让内心得到平静、智慧、爱和喜悦。内在的东西只有向内追求才能得到。比如，爱的感受，去追求一个能够让你感受“爱”的异性伴侣，这便是错误的追求，外在的人只能让你失望，正确的追求是让自己拥有爱别人以及感受别人的爱的能力。只有正确的追求才能带给人最终的满足感。

满足的人，也从不争强好胜，没有那么大的自我。自我只是想当然地以为自己如何，是一种假想，为了自我的这种假想去努力，去实现“自我”，不管结果如何、能否达成，最后都是一场空，不会有满足感。一个人只有在自我觉醒、认识自己之后，将内在的“真我”展现出来，才会达成真正的自我实现，从而获得终极的满足。

心灵悄悄话

这世上没有绝对的美与丑，美与丑通常是可以相互转让的，但有一点可以肯定，就是最美的往往都来自本色、来自自然。所以，不要在乎别人挑剔的眼光，保持自己的本色，你就是最美的。

富有的秘密

富有不是因你拥有的多，而是欲望少；贫穷不是因你拥有的少，而是欲望多。无论你拥有多少，只要不知足，就永远不会在内心中感受到富有。

我自已有过亲身的感受，最富有的感觉是在最潦倒的时候体会到的。这真是有趣。面对那些许的钱，我在盘算能买到什么，能够解决什么，等等，我发现那很少的钱让我觉得很富有。当金钱较充裕的时候，便会生出更大的欲望，因而，这多出来的欲望老是让人觉得还缺钱，从来看不到有多少钱，只看到缺多少钱。因而，富有感是内在的，不是外在的。

细心省察自已拥有什么，和自已所拥有的在一起，你将感觉到富有。有人有一栋房子，他却整天想着如何得到第二栋大房子，那么，实质上，他是一个还缺房子住的贫穷之人。有人只是租房子来住，没有固定资产，但他把房子布置得很温馨，像房子的主人一样安静而踏实地在里面享用这房子，那么他心里有富有感，他如同拥有这房子一般的富有。

贪婪扼杀你对于所有已经拥有的东西的存在感，使得它们好像不存在。贪婪让你觉得你永远缺少什么，永远是贫穷和匮乏的，永远要去追逐。所以，贪婪的人，无论拥有多少，都是贫穷的。知足的人，无论他的拥有是多么稀少，他都可以感觉富有。而吝啬是另一种贪婪，内在的匮乏感让你连该付出的都不去付出而只知道占有。当一个贪婪的人欠缺占有的行动力时，就表现出吝啬。

因此，只要去关注你所拥有的，善待它们，善用它们，做好当前的事情，不去谋求更多东西，不让那欲望使自己变成贫穷的人。这就是知足常乐的、富有的秘密。

心灵悄悄话

要想成功，必须要接受和肯定自己。在这个世上，每个人有着不同的缺陷，除非你是最不幸的。无须抱怨命运的不济，不要看自己没有的，要多看看自己拥有的，就会接受和肯定自己。

内省的神奇力量

一个有效的内省，能带来神奇的改变。

可能通过瞬间的内省，你的视角变了，一下子从困顿中跳了出来，柳暗花明。通过内省，你可能忽然间发现了自己的一个根深蒂固的制约，从而结束了它，转向让你欣喜的更加广阔的空间；可能通过内省，你突然认识到自己的问题，使得和某人僵持的关系变得顺畅、自由；通过内省，也可能你发现自己的那些烦恼原来都是庸人自扰，然后会心地自嘲一下，随即变得轻松极了……

内省的本身就有一种力量。它带来的礼物会很多，可能你因此而变得健康、乐观、平和、有深度、有爱心、有创造力……

它可以让一个人认识自己，改进自己，提升内在的明晰度，让人越来越简单，享受生命，平安自在，纯真而有智慧，并将人性之中越来越多的内在闪光的纯良特质自动地发挥出来。

当我们有意识地省察自己的行为表现以及内里的观念、欲望、情绪等活动，就是在内省了。内省的具体过程是，将注意力的光芒照耀到内在无意识的黑暗之处，使得虚幻的思维曝光，从而我们对真实心灵的醒觉度不断提升，进而可以越来越接近、认识自己的灵性本质。

我们没有活出自己本身，心灵就会有苦痛、不满足，才会去找寻。内省可以让那些不是我们自己的东西暴露出来从而消除，而让我们真正的自己即真我的特质显露出来。

不管外在的你拥有什么地位、名誉、财富和人际关系，这些可能都还没有带给你内心真实的满足感、快乐和最终的意义；也可能混沌、迷茫与无知带给你的苦痛、失落、空虚，你早已经受够了。你希望改变、发现自己，知道活着的意义；或者只是想自己先获得心灵的平静与自在；或者想有更大的智慧，并更超然地活在这世间；或者你想探索“你到底是谁”“你的本质是什么”等。也就是说，你在寻求解脱，寻求真理，寻求你的“真我”和“道”，说法很多，但都是一回事。有了这样内在真实的愿望，对自己的认识和省察就变成了一种需要。内省就是基于这种需要，在清醒的状态下进行的。

认识自己是智慧之始。内省是一个人认识自己的手段，内省让你能够看到自己的外在、内在的活动表现，这些活动暴露在你的意识之中，其中那些伪恶、虚幻不实的即会自动地被消除。这样虚幻的东西便不能再以秘密隐讳的方式，控制你做出各种无意识的言行举动。不经过内省，那些内在隐蔽的思维能量会一直操纵你去实现它们自身，而你不能依照心灵真正活出你自己。

内省：摒弃虚幻、进入真实

在虚幻之中，人生迷离而复杂；当进入真实之中，生命变得简单而清新。生命中的心灵苦痛、迷茫等负面感受不是别的，就是分不出虚幻和真实，或把虚幻的当成真实的而导致的结果。当我们明白了什么是真实，并且依据真实的力量而行，我们才感到自己没有被别的力量分割、拉扯，才能感到顺畅、愉悦和平静，那时我们就成为我们自己，这内在的整体使得我们的存在与表现都是真实有力、自然而美善的。

那什么是虚幻呢？虚幻的东西只是相对地存在，一时地存在，随着时间而变化、消失。这包括来自自身的虚幻和来自外部的虚幻。自身的虚幻力量包括你，自己的旧习惯、思想偏见、条件制约、限制性信条、自己对自己的虚妄想象即自我、欲念、期盼等，这些通通是你的大脑里的活动内容，简称为你自己的思维。你之外的虚幻力量是指他人的思维和其派生出来的创造物。这些东西，主要体现在人们对过去的记忆与重复和对未来的想象与欲望上。简言之，人的思维和思维所派生出来的东西，以及情绪、身体等都是虚幻不实的。

什么是真实呢？真实的东西是绝对、永恒存在的。在我们之内的真实是我们的心灵，每个人的心灵都是无比纯洁、充满真爱的。只有大脑思虑停下来不再干扰我们的时候，心灵的愿望、力量、特性才会显现出来。还有一个在我们之外的真实力量，那就是上天的力量。这个上天的力量博爱无边，造就了整个世界和生命的存在与进化。当我们大脑平静下来，用心灵就可以和上天力量连通。当思维越来越少，心灵便越来越稳固地与上天的力量联合，我们也就成为这个上天整体力量的一个微小的组成部分，而真正达成“天人合一”了。即内在的真实与外在的真实合而为一了。

由于我们的大脑开始发展自己，思维的功能逐渐增长，在不平衡之中，使得思维占据了我们，我们对思维信以为真，从而蒙蔽、否定了自己的心灵和上天的力量。这样，我们便从真实坠入了虚幻之中。

内省也就是一个不断认识这形形色色的虚幻，回到心灵的真实和对上天的信赖与臣服的过程。因此，内省需要我们平静下来用心去做，目的是看清所有来自思维的虚幻，从而超越出来。在真实之中，我们自然而然地那么有活力、单纯、平和而美好。假如你对自己的生命负责任，那么入静、内省、让自己的心灵成长绝对是你最值得做，同时也是你最重要的事情。

注意力的方向、品质

一般人受身体感觉器官的驱动，只能用眼、耳、鼻、舌等感官，接收外界的信息。所以，感官只能收集自己之外的信息。那么关于自己的信息，却需要另一种能力，这就是将自己抽离的能力。你有了一个更高的视角，从这个新视角，你可以看见自己，可以知道自己在做着什么、注意什么、想什么、渴望什么、情绪怎样、感觉如何等。你由内而外的活动会来到注意力之下。

当一个人反观自己的新视角，即抽离的能力还没有建立完全的时候，他就老是像个探照灯，去照见外部世界发生了什么，注意力在外面游荡，跟着外面的事情跑来跑去，不去看自己，也看不到自己。当注意力的能量较为稳定地收摄到自身，用来对自身进行滋养和省察，那么，这个人真正的改变和内在力量的提升的机会便来临了。

这个注意力的方向由外转向内，是一个重要的门槛。只有跨越了这个门槛，一个人内在的心灵力量才有可能被开启。

关于注意力本身，是超越我们人的理解能力的。这里提供一些对注意力现象的描述，仅供参考。

我们做一切的事情都需要注意力。无论我们做什么，必须投放注意力才可以完成。注意力是一个人最宝贵的资源，你需要知道它被你使用到了哪里，是怎么样分配的，需要怎样调整等。一个人成就事情的品质取决于他注意力的品质。完全纯净的注意力，如同婴孩的注意力，干净纯粹单一，只是观察、清楚地知道。当注意力的能量和思维结合，就表现为思维本身，它变成一股有限的、僵化、执着的能量块，它的具体表现形式是固定的各种观点、教条、好与坏的规矩、定论、评判、欲望、情绪等。当注意力和心灵完全结合，就是有生命气息的，有美感、创造力、活力，可以自由自在流动的能量，表现形式是机动灵活，充满喜悦和爱，不执着，自如随意，具有创意和新鲜。

内省的门槛：注意力由外在转向内在

能够去内省，要跨过一个重要的门槛，就是能将自己的注意力，从用感官吸收外在有形的粗糙层面的信息，转向对自身内在的无形的精微信息的捕捉。

比如，你之前只知道自己表面上做了什么，有什么行为，有了内省的能力后，你能透过表面看到所作所为背后的真实动机。有一位单身女士，她喜欢家里人多些，热闹些，每到周末就热情地让朋友们到她的家中聚会或聚餐，如此这般几次之后，弄得朋友们都不愿意来应酬了。后来她进行内省，她问自己为什么总是组织人到家里聚餐聚会，她意识到自己心里很害怕孤独，周围有人才觉得安全。她表面上的行为是宴请朋友，背后的真实原因是内心没有安全感。又如，一名推销员喜欢夸赞女士们比实际年龄年轻、漂亮等，通过内省他便知道自己是奉迎女士们的虚荣，讨好她们，以利于销售。

因而内省是具有穿透力的，你会看清在无形层面运作的行为的根源。正因如此，随着内省，一个人会更加富有深度和洞察能力。

有效内省的先决条件

身在问题之中，就看不清问题。跳出事情才能看清事情，跳出自己才能看见自己。你要从自己之中出来，升高你的视野，升高你的注意力，在一个更高的视角和更大的范围内全面地察知自己。

这就是内省的一个先决条件。首先让自己的注意力从自己之中抽离出来。这才可以真正地内省，但总的来说，不管结果如何，能够反观自己总是好的。

有个人失去了亲人，无法从痛苦之中走出来，也就是无论做什么，他的注意力总还有一部分在故去的亲人身上。后来，他决定旅行，到了大海边，他的心一下子打开了，注意力也从过去中抽离了出来，痛苦随即烟消云散。他是通过旅行变换地点使注意力流动起来的。当你懂得瑜伽入静的方法，只是静坐冥想就可以将注意力抽离出来，并不一定需要舟车劳顿，前去旅行一番。内省要先知道注意力去了哪里。通常对于自己身在哪里你是了解的，现在，清楚你的注意力去了哪里更加重要。当你能够随时捕捉自己的注意力在怎样运转，特别是清晰地捕捉每一个思想活动的轨迹，内省就会比较容易了。

当能随时省察自己的注意力在哪里，就可以随时有效地省察自己了。那时，你随时对自己有一种清楚的察知，不管是外在的表现还是内心里的思想活动，你都清清楚楚地知道。

注意力如何抽离、升高

那怎么才能将注意力从自己中抽离呢？这似乎是个关键点。或许有不止一种的方法，这里只能简单提及霎哈嘉瑜伽的方法。对于一般人，首先要初步地达成“天人合一”，获得自我觉醒，简称自觉，即人作为个体与上天整体能量联合。继而通过日常静坐巩固自觉，在无思虑的入静状态，注意力会自动地稳定在头顶之上，因此注意力得以从一己之中抽离出来。这些都不是通过阅读、研讨可以达到的，必须自己有愿望，亲身实践、感受，而且须持续地练习以稳固觉醒的状态。

入静冥想也是一种注意力方面的训练，每日进行的静坐冥想就会起到管理、训练、稳定注意力的作用。当到一定程度后，觉醒的状态不再需要如此刻意和努力，而是你自自然然就是那个状态了。就是说先要有初步的觉醒，才可以进行有效的内省，而有效内省又会促进觉醒的更加稳固和深入。

内省与入静

内省与内心的宁静状态是相互促进的，内省能力和内心的平和程度成正比例，一个人越能够内省，内在就越平和。反之亦然，越宁静也就越有能力内省。因此，如果能够静坐冥想，同时不断地内省，改变和成长就会比较快。

最好能够专门给自己时间来入静，面对自己，认识发生在自己身上的事情本质和自己内心的各种状况、不足等。对于灵性成长，能有时间独处亦是相当重要的，独处意味着你将注意力给自己，而不是外在的人和事。有人误解一个人时就是独处，那可不一定。当你单独一人，但却在进行阅读、看电视、上网等活动，注意力仍然是向外的，这就不是真正的独处。有些人有空闲时，却不知道把注意力放在哪里好，就去娱乐消遣、消磨掉时间。其实，在你工作、家务之余的时间，如果能够给予自己，用来静坐冥想，面对、了解、省察自己那是最好不过的。这样一来，你会发现，你不但没有多余的时间要去消磨掉，反而，你会希望有更多的时间来入静。时间和生命变得宝贵起来。一旦你进入了心灵的成长旅程，感受到那份由衷的喜悦，你便会知道快乐完全是内在的，并不是什么外在的活动可以带来的。

内省：无评判地静观自己

内省不是一件事情，不需要人为地努力做什么。它会在注意力升高并转向自己的时候自动发生，一种看到就立即知道的过程。但是，你要时常去看才行，因此，你必须有愿望知道自己的内在究竟发生了什么，而且对自己抱有放松的、第三者的态度。这第三者的态度，就是对像旁观者一样去重新审视、看待自己的所思所想、所作所为。对自己只是静观，而不做评判。没有那些认为自己很好、很不好，很对、很不对等所有的评判，保持一份对自己的好奇和尊重。

内省，不光是能察知、清除虚幻的东西，还可以了解自己的程度、心灵成长的进展状况。而且，你亦会对你内在的力量和优美特质有所认识和肯定，对身边微妙的事情有所知觉和感应，也会有能力在平静之中感受精微层面的乐趣和美妙。

内省只针对自己，不牵涉他人

内省是你对自己做的，目的是要看清楚自己。如果一件事情之中，牵涉到很多其他人，你觉得别人错了，你看到的都是自己之外的别人的问题，这就完全不是内省。盯着别人的错误，你就没有机会改变、提高自己了。这是由于注意力还未能转向内在看自己。假如一件矛盾的事情发生了，通常你与别人都有因素在其中导致其发生。俗话说一个巴掌拍不响，现在内省就是只看自己的那只巴掌，你出于什么内在的原因出手去拍、怎么拍的。别人的那只巴掌不是你内省的对象。

内省是为了有益于你自己，是要让自己变得更好。在我们有能力使自己变得更好之前，我们不可能有能力使别人变得更好。有人读着如何内省的书，读完后去看别人有没有内省，这就不是内省了。内省是要省察自己。

内省不是用思维进行的

内省是通过注意力的加强，看到自己的那些思维、情绪、行为表现等，它的关键是省察自身内在的实际状况。

有些人会把内省与自我批评等同起来。在我们国家的思想教育之中，常常谈及批评与自我批评。批评是基于一个标准，以这个标准衡量自己，没有达到就批评自己，以使自己不断地达到那个“好”的标准。内省与自我批评的不同是，内省只是看到什么发生了，对自己的一种清楚的察知。其中没有评判，没有诸如我有罪过、我不好等对自己的批评。

另外，对自己的状况进行前因后果的探索、分析，这种做法也不是内省。内省不使用思考、分析推理等思维的能力。用一个思维无法看清另一个思维，它们在同一平面上。我们所说的注意力的加强，就是注意力要强于思维的意思。当你有了一个思维与另一个思维之间的空隙，或长或短的空隙，在空隙间你是平静的，处于观察状态，此种观察状态下内省便有可能发生了。

心灵悄悄话

走好人生中的每一步，尤其是那关键的一两步，还必须不断调整自己的计划。事情总在不断的变化之中，时移则备变。要把自己的志向和时代紧密结合起来，不断地适应时代的变化，这样才能走好每一步，这样才能走好整个人生。

苏格拉底的诘问式省察

距今2400多年前，苏格拉底就用思维的逻辑推理技巧，揭示出人们对自己所声称知道和相信的东西是不知道、不完全相信和无知的。甚至，对于那些早被经常使用的名词定义，通过苏格拉底的诘问，人们发现自己对其也都是无知的。

苏格拉底只是运用了思维“虽不能达到真理但却可以揭示非真理”的作用，通过运用思维的逻辑推理功能进行深入的诘问，揭示出人的思维定论本身都有反例，是自相矛盾的，思维概念与其相对应的真实之间存在鸿沟。

但苏格拉底并不承认自己有智慧。他表明他之所以比其他人有智慧，是因为他知道自己什么也不知道，而人们什么也不知道，却自认为自己知道。一个知道自己无知的人比本身无知却不知道自己无知的人要更加有智慧。他说，人是无知的，真智慧单单属于神。

尽管人不可能达致智慧，但苏格拉底并不认为追寻智慧是无意义的。“未经省察的人生不值得过”。他的结论是，人依然应该通过“省察的”“哲学的”生活尝试拥有智慧。

当时，多数雅典人无法接受自己竟然是完全的无知这样的一个事实，因此，他最终被雅典人判处极刑而喝下毒药。

生命体验与思维

或许，人类的进步就在于越来越知道自己的无知。而通常说的所谓“知道”是我们自以为的知道，这种自以为的知道有两种情形。一种是通过生命体验知道，另一种是从思维上知道。

生命体验是一种用身心去亲自感知、感受、体会的实践。

比如，一个人见过、品尝过榴莲，那么，他即是体验性地知道了“榴莲”这个词所代表的这种水果。另一人从未吃过榴莲，他学习了这个词，甚至也看了榴莲的图片，但他不知道榴莲的滋味、香气等。那么我们说第二个人，他并不真正知道“榴莲”这种水果。第一个人是从他的生命体验上知道，第二个人只是从思维上知道。但这是完全不同的，从思维上知道与从生命体验上知道是两件事情。

一个普通的实词概念尚且如此，更何谈那些各式各样的思想观念呢？如果我们看先哲们对真理、实相的认知和教导，看不同宗师的言论典籍，而我们自身没有先哲们的生命体验，没有他们的状态，那么，我们不能真正看得明白，而且无论如何永远也无法达到他们的程度。

就像我们不能从榴莲这个概念品尝到榴莲的味道一样，我们不能从圣贤对真理的描述来认识真理。也就是我们不能从思维达到任何实际的事物和体验中去。思维只是概念，是不实的。

如果先有了生命体验，然后用语言概念去记录、描述、分享，那是完全可以的。先贤圣哲说出来的话语为什么会被人记录下来，并且一直流传呢？就是由于那些话语是他们基于真实的生命体验，基于他们在那个境界中而表达出来的。因而那些语言都有着背后的实质根基，有那个境界中的内涵。但是，这样的语言并不是人人都可以明白，只有那些具有相同生命体验的人才可以真正看得懂。换句话说，想表达什么，要先有那个体验，成为那个状态，由那个体验、状态产生出来的思维、语言就有了背后的实质，它们也就是具有真实力量的了。

思维的有效范围

所有有生命的事物，包括我们人，都是上天的创造。而人的能力仅在无生命的事物上有效，或者把有生命的东西弄死后再加工。人的思维智能在无生命的事物上可以淋漓尽致地起到作用，但也仅限于将一件死的东西做成另一件死的东西。对于任何有生命的东西，哪怕是对于一株小草、一只蚂蚁，思维都是毫无能力理解与认识的。目前，科技已经得到了极大的发展，但外在的科技并不能使人们找到心灵的力量和生命的真谛。所有关乎生命的知识，均来自上天的大能，是人的思维不能企及的。

我们人类，作为一种高级生灵、生命，如果用思维去生活，那么是什么结果呢？在思维里，过去的记忆是很重要的组成部分。人们分析思考、推理想象，这些都要有素材、有依据，而所有素材和依据都是从过去的记忆之中提取的。那么，根据这些过去的素材和依据，去分析思考、推理想象出来的将来，依然是过去的延伸，未来只是过去的不断重复。可能外在的形式变化了一些，但实质上是一种重复。因此，思维导致一个不断重复、再重复的死循环。也就是说，如果我们完全用思维去生活，那我们只是不断地在重复旧的自己，只是活在过去。所以说，如果不超越思维，我们的生命就无法进化，而停滞在蒙昧的死循环里面。

思维能够帮助我们在这个世界上解决物质生存的问题，但我们要提升生命品质，发展内在的心灵力量，就要寻求与更高的上天力量结合，超越思维这一层次。换句话说，要超越过去和将来的二元对立的世界，而来到崭新的一元性的当下。来到当下，内省会自动发生。一个醒觉了的人，通过内省，将有能力看到自身的各种限制性思维，将有能力从过去的循环中，从所有的自我设置的陷阱中超越出来，使生命得以改变和成长。

思维的二元性

思维基于二元对立的模式进行运作。一样纯粹的东西，思维必须用另一样不是它的东西去描述和认识。在二元世界，一切都是相对存在的。所有事物都有一个对立面，并且和对立面相互补充、相互依存。所以，一旦思考某种东西，我们必须把它割裂，必须用它的对立面，或者用其他不是属于这种东西的东西去理解它。比如，用思维去认识"一张白纸"，那我们要说，它是木材做成纸浆而制造出来的，没有颜色，用来写字等。你看，我们必须先割裂、离开这张白纸，然后再以其他东西来描述定义它。

所以，在思维层面上，我们无法理解任何绝对纯粹、一元的东西。纯粹单一的东西是不可以再被分解的，而且再没有其他东西可以与其匹配互补。它需要我们完全以其本来面目、如其所如地理解。有人会说，不用思维，我们怎么理解一样东西呢？当超越思维，我们会纯粹地观察、知道一样事物的存在，并把它作为它本身来看待，同时也会有另一种新的感知能力发展出来。相对于实相而言，思维好像一个可以和实相不断捉迷藏的屏障。思维在时间线上运作。没有时间的概念，思维也无从存在。人们运用思维，不是记忆、分析、思考过去，就是计划、设计、想象未来。但思维无法来到当下。因为一思考便立即进入过去，或者未来。思考停止，没有任何思虑时，你会来到当下，而这也正是内省的状态。

思维有其功用和价值。人们已经发展了思维的能力并对它的相对性有所体验和了解，人们也凭借思维去追寻真理，同时发展了理性的能力。当发展到一定程度，我们要去认识什么是绝对的真理。而绝对性是一元的、纯粹的，要用心灵去体验的，这是一个在更深、更微妙层面上的事情。发展内省的能力即要提升到超越思维的一元高度上去看清二元的思维。

思维的工具——语言

人们凭借语言去进行思维。语言的言辞和它所表达的内容之间总是有着距离。一个人尽其努力描述了一个茶壶，但这描述和那个茶壶本身还是两回事。要想描述一下花儿的香气就更加困难了，再接近的描述也无法和那个香气本身等同。画饼不能充饥，用语言、思维总是无法企及那个事物本身。

这不禁让我们怀疑，语言本身到底有多大的可信性，我们自己该如何恰当地运用语言？我们又如何对待那些典籍图书和他人说出的话语？因此，语言、思维是我们必须要去省察的对象。

随着一个人的不断觉醒，越来越真实，思维便减少了，他的话语亦会减少，但并不会成为哑巴。那时，他只会说那些由心灵发出来的话语。

你会觉得，语言还是有效的，的确可以沟通许多东西。语言沟通的有效性，是要有个前提的。这前提就是，双方对那个问题都共同拥有生命的体验。比如，我们都亲眼见过、用过那个茶壶，谈论它的时候，是比较容易彼此理解的；假如我们自身都有过被别人帮助和关怀的感动的心灵体验，那么，当看到分享这种感受的语言文字，我们就会心领神会、感觉共鸣。因此，双方沟通时，均有生命体验在先，之后语言文字的沟通就会在比较小的误会之内进行。但即便是都有生命体验，感受的程度、范围也不是一样的。应该说，使用语言这些概念性符号进行沟通，它的效果总是很有限的，误读误解也在所难免。特别是越微妙的感受和含义，就更是所谓“只可意会，不可言传”了。

那思维语言的功能，在我们的生命中该有怎样恰当的位置呢？答案是：它该是我们心灵的仆人。我们不要让思想观念限制甚至左右了心灵的自由和美好。人的内在直觉都是朝向着美好的，我们要依循心灵，让心灵指引我们生命的方向，在这基础上用思维、语言来辅佐生命的旅程。

自我的产生

一个人从思维上，以为自己如何如何外，就导致产生了“自我”，也就是一种自以为是，对自己的一种想当然。这个虚幻的“自我”一出现，人心灵的直觉力和本能就会隐退，继而丧失了和现实的联系。而且“自我”会立即将你带入它编织的“自我幻象”里面去，你开始只是用自己的成就、想象、应该如何的教条、期望和要求来对待你自己，然后显示自己并希望别人也如你设想的一样看待你、对待你，对你做出反应。看到别人的优秀表现，你不会去欣赏，而是感到自己受到贬低。看到别人表现平平，你会觉得自己如何优秀和了不起。“自我”不知道什么叫谦虚，不知道什么叫倾听、尊重和仁爱。

你的“自我”本只是你大脑思维功能的一个派生物而已，但是，它却开始主宰你整个人，不顾你的心灵感受、身体的疾苦，它将你沦为实现自己的工具。而且它也会欺骗你、愚弄你。遇到其他人的“自我”，两个“自我”之间便或明或暗地排斥与争斗。不仅如此，很多人的“自我”还去操纵利用别人来显示并壮大自己。

“自我”的存在使你自己制造或招致别人的引诱、试探、妒忌、竞争、利用等。它给你带来一出出的戏，你可能感受到失败、伤害，也可能你赢了。但它会幻灭的，最终一切都是一场空。

“自我”的重要特征是表现欲、好胜心、权力欲、控制欲。我们可以通过这些特征来省察自己。发现“自我”后，不要和它对抗，因为对抗反而会强化它。只需要看着它，看着它表演，或者来点自嘲，嫣然一笑。许多时候，它的确像个无知的丑角在演戏。

许多人活在思维运转的惯性里面，一切都是思维带动着。他们认为没有“自我”，不去思考就完全不知道该怎么样活了。我们可以看看动物，动物没有思维能力，虽然每一个都是独立的个体，但是它们没有“自我感”，它们自然而然地相互协作、觅食、繁育后代、终老……做了这一切，却没有认为“我”在做这一切。我们人类进化到目前，应当超越这个不实的思维，而且有心灵的直觉力，来自身体的深层知觉能力和更加精微美妙的心灵本能，内在早已存在的自然属性会呈现出来，这些新的能力让我们自动、自然地知道在新的层面上如何行动。生命是神秘的，不同层面会有不同的能力产生。只是人的大脑不能理解和想象生命的奥秘，才会担心不思考、没有自我就无法行动了。

虚幻的“自我”需要不断地吸引别人的注意力来让自身存在和长大，它很在意别人的认可和关注，因而从“自我”出发的行为表现，往往都要求一个外在的结果。

另外，还有一个实体的自我，你的外在形式即身体是一个独立个体，你借助身体拥有先天而非造作的个性化特性和力量，当你自然地呈现你内在本有的特征和力量时，也可以说是你的自我。只是这个自我不是你自己头脑里的想当然，而是每个人因独特而有别于其他个体的一个说法，也就是你成为自己“真我”时的那个自我。这个自我也会有各种行为表现，但这些行为表现都是发自内心、真情流露的自然之举。当一个人用愿望真心地做了什么，那就不是从“自我”出发，而是轻松的、无条件的、当下的、自然的，做了也像没做一样。这就是“无我”的境界。

心灵悄悄话

人难以认识自己有三点：其一，意识不到认识自己的意义何在，所以就不会主动地去认识自己；其二，把认识自己停留在认识自己的性格特征的表层上，而不是认识自己的心理与内心世界；其三，不能公正地认识自己，只看自己正确的一面，而不去看自己缺失的那一面。

不要活在自欺欺人中

人习惯了自我欺骗的时候，就无法意识到自我欺骗了。在自我欺骗之中，人变得完全无法自知与自省。而且，自我欺骗初始目的就是故意地逃避看见自己。有些人，内心有改变和提升的愿望，但是陷入很深的自我欺骗的包裹里面拔不出来。所以，在此至少我们可以了解一下常见的自我欺骗是怎样的，这能帮助我们去发现自己是不是在自我欺骗，然后，我们通过识破“自我欺骗”而让自己有能力从中离脱出来。

自我欺骗，顾名思义，就是自己骗自己，常常表现为一种辩护式的自圆其说。基于对自己的不诚实、不想面对、欲轻松地逃避自己，而从大脑之中找出似乎合乎情理的论据理由来让自己感觉合理、可以接受、是正常的，从而掩盖真实的内心感受、责任，掩盖自己的狭隘、无知、对他人造成的不利等问题。也可说自我欺骗是对自己的错误、弱点用另一种虚假去逃避和掩盖。

内省是去看自己的状况，自我欺骗则是回避实际的状况，然后再找个理由把自身实际的问题掩藏起来，并将其合理化。自我欺骗的最终结果是越来越远离内在的真实，在层层的虚伪之中埋葬自己。

常见的自我欺骗手法一：习以为常

当人们对未知、可能的变化怀有恐惧，便欺骗自己说守住、重复旧有的模式是安全的，所以，人们就在这种虚假的安全之中逃避恐惧。以为习惯后就变成正常的了，事情发生多了就觉得正常了，这是不明是非的人们最常见的一种自我欺骗。活在某种“正常”之中，这种正常往往是一种麻木、不明所以、从众和盲目的惯性。

在真实之中，所有的事情都是新鲜的，一切都无时无刻不在生长变化着。“习以为常”是陷入一个“死循环”里面。认为这就是这样，那就是那样，如此的习惯和规律才正常，应该不断延续、不断重复。有“习以为常”特点的人，没有什么是非标准，他只知道发生很多了，就是对的了，大多数人都如此做就是对的了，就要顺从，要“自然”地往下重复。他们常说的是：我们一直都是这么做的，或者，其他的人们都是这样做的。

现在我们明白，大多数人都那样做，和那样做是好的、正确的没有什么关系；很可能大多数人都是僵化甚至错误了。人们过去一直那么做，和现在自己要怎么做也没有关系；过去是过去，现在是现在，扯不上什么必然的关系。

因此，要跳出那种没有生机的、僵化重复的、在一个封闭的圆圈之内打转转的“习以为常”。我们是生命，我们是鲜活的，我们要成长。

常见的自我欺骗手法二：找理由

如果一个行为内在的动机是自私或不诚实的，会被视为不好。人们为了掩盖不好的动机，就找外在的堂皇理由来骗自己、骗别人。也有的人，对于自己的行为无知、不能理解。茫然无知会给人带来惶恐，因此人们找出合理的解释来逃避这种惶恐，让自己得到虚假的安慰。人们找理由总是着眼于外部世界如何，他人如何等。外部世界与他人如何完全不应该成为我们所作所为、所思所想的根据。我们要对自己内在深藏的智慧、我们自己真切的心灵感受有所尊重，有所体察，有所依循。

真实的东西，没有理由，也不需要理由，它如其所如地呈现自己。如果你基于你内心全然的真实意愿出发，你会自然直接地去做。当我们违背自己，歪曲、压制、否定了自己的真实内心，那么我们内心自会感觉不舒服。这就是我们每一个内在自然存有的良知。良知让我们做错的时候心里不舒服。当知道自己做错了时，我们简单地承认，去修正自己就好了。可是，当你不去修正自己，而是企图不让别人知道，自己也不去面对的时候，你就开始自我欺骗了。你会找出很多外部原因，你说是那些外部原因和其他人的错误使你犯了错误，让这错误看起来似乎是别人的责任，而你是清白的。

诚实是心灵成长的基础。首先要尊重事实，找理由实际上是想掩盖、歪曲、篡改事实的极不诚实的行为。用理由伪装出的“对”和“好”也是假的，虚荣和面子实质都是造假行为。俗语说，“死要面子活受罪”，维护住一种虚假不知要耗费多少能量，而且最终也会被揭穿。如果把找外部的理由、借口这些精力、能量用在承认事实、面对自己、扪心自问上，这就由“自我欺骗”变成自我省查了。如果还需要找什么理由的话，那就智慧些、真诚些，为自己能改变、变成更好的人找找理由吧。

常见的自我欺骗手法三：刻意地积极思考

教条是指被规定好的、真实的一切信念、观点。最常见的教育方式是教条灌输，目的是让人相信教条、执行教条。刻意地积极思考就是一种对自己进行的教条灌输。教条灌输会改善行为，但或许是机械、勉强的，不一定自然和真实。

当负面的旧思想还在的时候，刻意地相信并执行与之相反的积极思想到底会有什么效果呢？一个上司对自己的下属有极大的不满，他一直告诫自己要宽容，不能怨恨，宰相肚里要能撑船，可是在心里面却依然有着一个大疙瘩，并没有释怀。但他在人前却假装出一副大度的样子，表示他早已不计前嫌了，于是他开始自我欺骗，认为自己已经包容了别人。

可以看到，在头脑中去相信和要求自己做到宽容，与真正在内心中让怨恨消融，达到彻底的宽恕是两回事。刻意地积极思考试图促进人的正向改变，它会有一定的作用，但同时会带来不小的副作用。首先，在消极思想、负面问题还在的情况下，输入一个与之相反的积极思想，会造成一个新的内心冲突，为了减少这种矛盾冲突带来的心理压力，有些人会开始“自我欺骗”，假装问题已不存在了，而一味幻想积极思想已经实现。其次，灌输一个积极思想会使得那些负面的问题不被真正地察知，它还在那里，无法置换，未得到清理，从而错过了可能通过内省而被清除的机会。再次，一个旧的思想往往在宽松、被接受、被理解、无评判的境况中容易被化解、被消除。而积极思考的出现，给了旧思想一个否定的态度、一个反作用力，因此这种否定的态度甚至会强化旧思想的隐秘存在。

并不是说“积极思考”一无是处，而是说“积极思考”如果是自然转化得来的，它就会是人自己内在的领悟和理解，而不再是灌输进去的一个外来思想，它会是人的生命经验的一个组成部分，会非常真实和有力量。

被灌输的积极思想也是一种思想制约，是一种看起来“好”的思想制约，它也是我们需要去内省的内容。因为这种“好”是一种人为做作、机械的好，从真实、自然的标准来看，说到底也是虚假的，因此，要看看我们呈现出来的那些“好”的、“优秀”的方面是我们自自然然的真实状态，还是因为我们认为应该那样才造作出来的？如果我们按照“应该”的标准去做，有没有不符合这个标准的念头被压制、掩藏了起来？

积极思考是一种用正面积极的方式来代替负面状况的方法。比如，你害怕去做一件事情，积极思考告诉你胆小害怕是不好的，要有勇气，勇敢地去做那件事情，依着积极思考，你便鼓起“勇气”用“勇敢”来对抗自己的胆小害怕。

以内省的方式改变负面状况与积极思考完全不同。同样是针对你害怕去做一件事情的状况，诚实地内省则是，要去看清自己到底在害怕什么，所害怕的具体是些什么，然后知道了自己所怕的那些东西并不是真的可怕。内省是对胆小害怕进行静观和自动地化解。当胆小害怕被消除之后，勇气就会自动降临，同时你自然会对生命产生更积极的新认知。

在锡吕·玛塔吉女士的一段讲话中，对于积极思考有一个极其生动形象的比喻："……不管是好还是坏的思想，你只要跳入思维里，就会进入一种惯性的动力，在那里你会由一个思想跳入另一个思想。有些人说，那坏的思想应该以好的思想来对抗它。换句话说，就好像一辆汽车或一列火车由一个方向开来，被从另一个方向开来的车推回，两辆车会在某一中间点停住。那或许是好的，但有时会造成伤害，一个被好的思想压制住的坏的思想停留在那状态下，有时会反弹，这在很多人身上发生过。他们压制一些正常的思想，告诉自己要对别人施善行好等，这种人有时会感到困扰，忽然间变得恼怒，而此时别人又不了解他们……这就是为何我们应无思无念地把所有的思想都从心中摒除，这样你就会随时自动地停留在中央。"

逃避与面对

很多人逃避自己，这障碍来自我们希望自己"好"，我们不愿意看到自己"不好"。因此，我们身上发生了"不好"，就转过脸去，并且用"自我欺骗"的方法去遮盖自己的"不好"，甚至让自己的"不好"合情合理。

现在，要建立一种新的"好"与"不好"的标准，真实就好，虚假就不好。勇气只不过是将真实呈现出来的力量，真正的懦夫是那些不敢面对自己的人。一个人要有勇气接受真实，有勇气摒弃虚假。内省所需要的勇气就是去看、去面对、去承认那些实际发生的。

真实就好，虚假就不好。你要用这个新标准来面对自己、衡量自己，跳出自我欺骗的循环。事实上，真正的情况是，在每一件事情上，你都面临着是成为勇士还是懦夫的抉择。而那些敢于面对自己的勇士心里都知道，一个不必再做任何欺骗、心清如镜、坦然地做真实自己的人，内心是多么的轻松自如。投靠真实的报偿是巨大的。

心灵悄悄话

丢弃自知，任何人都无法登上人生的顶峰。即使是天才也要在认识自我的基础上更加充实自己。肖邦深明此理，他认为“要发展天才，必须长时间地学习和高度紧张地工作”。一个缺乏自我认识的人就只会裹足不前，放弃了前往正确的方向去拼搏，去争取的机会。而那些可称得上伟人的人却是心中高悬明镜，常擦久明。

认清自己的态度便不再盲目

非此即彼

什么事情也重要不过你对事情的态度。事情的发生，从心灵成长的角度看，甚至没有意义，唯一的意义就是暴露你的态度。我们往往只看到事情，而看不到自己的态度，因而，我们需要打开内在的眼睛，那样便不再对自己盲目。

当一个人还在意识的粗糙层面，即仅仅是被思维主宰时，这人呈现的状态就是只有两极化的态度。一件事情不是对就是错，一个人不是好就是坏，对人不是热情过度就是冷若冰霜，不是坚持到底就是永远放弃等，在两极之间摆动，或者停留在某一个极端上。

非此即彼，是思维的特点。如果一个思维告诉你向东是好的，那就自然地意味着，向西是不好的。但思维又总是在变化，今天这样是对的，明天就变得不对了，后天又是一种新说法等，没完没了。所以，思维、观念都是短时间内有效的，而且思维的结论一定是支持什么或者反对什么，当你接受了某个结论，那么你就只能选择停在两极的某一端。事实上，两极化的思维看起来是两个互不相容的相反观点，其实它们是同一回事，正如一枚硬币的两面。超越了这个层次，你便可以看见整枚硬币。那时你对整体一目了然，自然便不再一边倒地陷入其中某一极。

只有凭借发展心灵能力，升高我们的注意力，才能够达到一个可以看清思维的程度。而观察到内在的思维活动，就是内省。通过内省，我们会知道，不是事情，而是我们对事情的执着成为牵动我们在两极之间摆动的木偶线，当我们从事情之中把自己抽离出来，木偶线就切断了，那么非此即彼的游戏就会结束。

第三种态度——察知与静观

第三种态度是超越了思维、跳出了思维才会有的一种态度。只有跳出二元的思维，高于思维，才能看清思维的活动内容。爱因斯坦也有过类似的表达，他说，我们不能在产生问题时的同一思想高度上解决那个问题。意即要提升了意识的高度之后才能解决之前的问题。

思维能够带动人的言行，决定人的言行，它有着一定的能量。有人甚至为某个错误的信念而付出生命。要超越思维，并非简单的事情。这要靠灵性的觉醒，就是来自我们心灵的力量。关于觉醒这一意思，有很多不同的说法，中国儒家用“天人合一”来表示，道家说成得道、悟道，佛家说成回归自性、见性、开悟、觉悟等，古印度则称为“瑜伽”。当这个心灵的力量升起，我们便醒觉着，就有能力看清楚思维在我们头脑里的运作，这样，我们将有能力超越非此即彼的二选一的限制，而发展出一种折中的、微妙的、抽离观察的态度。这种态度往往给人一种神秘感，让人感觉像是在此与彼之外，又像是在此与彼之间；像是彼此皆可，又像是彼此皆非。

第三种态度的表现是知道什么在发生但不做出反应，不评判，仅平静地知晓。好像是没有什么态度，有点让那些惯用头脑的人捉摸不透、无所适从。身在其中，却好像置身事外，那么镇定自信，却又好像没有立场。第三种态度是超然静观、不能理性理解的态度。

要避免一个容易产生的误解。静观是指内在没有针对事情产生任何的思维、念头、情绪，并不是单单地指在行为上不做反应。有些人性格内向，不在言语行为上表露头脑里的想法，并压制自己的情绪，看起来表面上也没有反应，但这完全不是静观。静观是个内在的状态，内在无思无念的虚空状态。

这第三种态度源于内在稳定的静默。静观的态度并不会让人成为一个没有任何作为、对人对事视若无睹的木偶。一个人拥有静观的态度，其外在表现依然可能会伴随着自然而然发生的各种行为，即在静观状态下，人会做出直接、简单、自然的行动，这种行动不可以被解释，是生命能量使得人那样去做了，或是出于直觉、上天的意志。所以，静观不是一种外在的表现，而是内在的状态。

若一个人不能静观，而是对某件事情在自己的内在发生了反应，通常这个内在的反应会相应地表现在外部行为上。那么通过发生的外部表现，去看清里面的想法、情绪具体是怎么样的，正是一个内省的路径。

其实，对于那些与你没有多大关系的事件，你是个旁观者，自然有第三者的视角。最关键的是，在所有的事情上，特别是与我们自身有利益关联的事情上，我们要建立起这第三种态度。事情与我们无关痛痒，自然你的态度也无关痛痒，那没什么了不起。心灵成长要面对的，是那些与你休戚相关的事情，那些你自己正置身其中的事情。当面对着自己的利益得失或人际冲突时，毫不执着而不动声色，那说明你在心里已不再与那些所谓的利益执着牵连，这便是达成了内在的超然静观。

下面是一些第三种态度的例子。

在接受与抗拒之间

当一件事情发生，它就已经成为事实。对于一个事实，除了去接受，我们还能做什么？抗拒意味着和事实对抗，否定事实。而事实是完全无可否定的，它已经在那里了。所以，抗拒、不接受事实的态度真是不可思议的愚蠢。

比如，有个人莫名地骂了你一句，通常人不可能接受被无端地羞辱，很多人会抗拒，“为什么要骂我，你有问题”。但这抗拒是愚蠢、无效的，无法改变已经发生了的事情，但却改变了你的心情，抗拒事实的结果就是搞坏自己的心情。如果我们建立了第三种态度，那么很简单，我们知道他在骂人，我们接受这个事实，但我们就是看着这一切，发生就发生了，继续就继续吧，结束就结束了。你虽身在事态之中，但内在却虚空得令自己有置身事外的态度，甚至你还会觉得这真是一出有趣的戏呢。如果你已经有这样的态度，事实会怎样呢？那个骂人的人，会自动撤退，因为他会突然感到自己在骂一个不存在的人。

在这里，接受是一种允许其存在和发生的容纳。接受与抗拒之间的态度包含着两个微妙的区分，接受不等于赞同，接受所发生的事情，但不等于赞同那件事情。另外，当我们不赞同一件事情的时候，也不必去抗拒，即不赞同也不等于要去抗拒。

在相信与怀疑之间

对人、对事完全相信而全盘接受，那就趋于迷信盲从；如果跑到另一个极端，十分怀疑到全盘否定，也可能被疑虑包围而错失良机。

在相信与怀疑之间的第三种态度是科学的、验证的态度。对于不了解的事情，先把它当成假设，随之亲身验证。这也是霎哈嘉瑜伽的创始人锡吕·玛塔吉女士告诉我们的一种态度。事实上，那些刚刚接触，还没怎么去体会这种瑜伽的新人，却常在嘴巴上说这是好的。嘴巴上讲这瑜伽好的人却并不怎么练习。还没有进一步的体会验证就下了结论，这种态度不够科学、不够诚实也是不负责任的。

未经亲身验证就下结论是狂妄无知的行为。如果我们不去验证，那么我们也没有办法去了解其是与非、好与坏。当然，我们也不会事事都去了解和验证，对于不了解的事情，我们也完全没有资格评判。

这里面有一个对事实尊重的问题。诚实地尊重无论何种事实，很可能这个新的事实挑战甚至推翻了你先前的所有信念。作为一个诚实的人，在事实面前要老实地接受，并需要更新自己先前的认识，做到从善如流。

对自己的态度

说到态度，通常会被认为是我们对外在人、事、物的态度。还有一个根源性的态度，就是一个人对他自己的态度，一个人怎么对待自己，怎么认识自己。

你对自己的态度决定你对他人的态度。如果你对自己是信任的，你也会信任别人；如果你是关心自己的，那么你也会关怀别人；如果你是尊重自己的，那你也懂得尊重别人。

你怎么对待自己，成为你怎么对待世界和他人的一个基础。如果真是这样，那么我们可以反过来应用，看看我们怎么对待外部世界，以及外部世界怎样对待我们，就可以知道我们如何对待自己了。凭借这一点去内省，每当我们遇到什么人做了什么事情，我们即省察自己的身上是否有相同的情况。比如，你看到一个人不诚实，在说谎，那么你会反过来看看自己，我有没有哪里做得不诚实呢？这样我们把外部世界所发生的一切都当成我们可以看见自己的一面镜子，这时，我们就已经达到能够全面地、随时地内省的程度了。

人们研究这个研究那个，科学涉猎的范围延伸到了客观世界的方方面面，但就是没有去研究人自身。如果研究者自身有问题，怎么能确保研究出来的东西是正确的呢？如果镜面上布满了灰尘，那么镜子就无法如其所如地照出其他东西。肮脏、扭曲的镜面都不能真实照出其他东西。这就是说，我们对自己的态度就如同一面镜子，当我们十分清晰地了解自己、透彻地领悟自己的时候，这面镜子就清洁干净了，可以真实地照见外部世界了。也许你体会过，当你自己变了，你会发现世界也变了；当你自己悲观消极时，世界也仿佛在末日的笼罩之下；当你自己的心态晴朗无比时，周围也都充满美好。所以，擦亮自己的内心世界是最重要的。

自卑或自负

我们不了解自己，又想知道自己，便会找参照物来界定自己，通过参照物来知道自己怎么样。比如，你比张三漂亮，张三比李四心胸开阔，李四比你有学识等。参照物不同，结论就完全不同。你可能比这个人强大，可是又比另一个人弱小。比较只是个相对的结果，并不能使我们知道自己到底怎样，自己到底是谁。

能够比较的都是外在有形的方面，内在的东西是无法比较的。比如，内心的感觉、感知。你无法将你的平静感、快乐感和别人相比较。别人只能知道他自己的感受，而你只能知道你自己的。

事物外在的差异和个性化是一种天赋的特质，任意两样东西都不会相同，即便是任何两片雪花、两片树叶都不会完全相同。这就是被造物主、上天决定了的，所有事物天生就是差异化的，也就是天生就不具有可比性。因此，相互比较是反自然的，带来了人类社会的诸多问题。

人的自卑与自负心理就是由于对自己的无知而去相互比较产生出来的。自卑、自负这些负面态度带来的痛苦都是无知的代价。我们要做的是放弃与别人的比较，任何方面的比较都放弃，而转向心灵内在去认识真实的自己。

内疚感、罪疚感

通常人们做了错事的时候，会产生内疚、罪疚感，也就是在内心评价自己有罪、不好。人们觉得内疚、罪疚便与那个所犯的错误扯平了，从而逃避面对、修正那个错误。所以，内疚感这种负面态度，使得我们不去面对错误、改正错误。内疚是一种以负面来对待负面，以一种错误来代替另一种错误的心理过程。当然，也有人犯了错误毫无内疚，但也不去改正错误，而变得厚颜无耻，这又是另一个可怕的极端。

要小心，有人懂得制造事端让别人产生内疚，以此来控制、欺压别人。有一个心理学课程的老师，如果学生没有听从他，或者他的课程没有人来上，他就说出一系列言辞，让学生感到自己做得太错了，损失很大，应该后悔，很对不起自己也对不起这个老师。因而，任何错误和弱点都可能被不好的人利用。内疚本就是用自己的“自我”欺压自己了，而且还会招致别人的“自我”也来欺压你。

内疚、罪疚有什么用呢？它只是一种自我折磨，残害人的自尊与自信，包括自怜自怨，这都是不健康的自我毁灭性态度，要放弃。假如我们错了，正确的做法就是去承认、面对和改正。而不能再去用内疚这样的错误态度来逃避和掩盖。就像我们不能躲避自己的生命一样，任何的错误和问题都是逃避不掉的。

诚实面对自己

人诚实的品质本是最自然、最简单、最基本不过的。可是对于那些在社会的虚假面具中过活的人，诚实是一件需要巨大勇气和力量才可以做到的事。人们在社会之中生存，受到各种规范教条的教育，许多教育让我们首先否定原本的自己，然后变成符合那些教条模式的“好人”“优秀的人”。而人们大都是一片茫然，不知自己是谁，不知道人生怎样过才有意义。出于这种无知，人们使用不诚实的方式让自己“变成”好人、优秀的人，甚至名人。慢慢地，我们越来越不了解自己，分不清我们是自己所期望的，还是别人所期望的。自己原本的真实样子到底是怎么样的？

诚实是要承认真实，是怎样就是怎样。如果不面对自己、承认自己，那就不可能做到诚实。有个女子来参加瑜伽入静活动，她时常迟到，很多次都是快结束的时候她来了。没有人问她什么，她自己找一大堆理由解释为何晚到。其实没人想知道她的那些事情。她不能诚实是源自不清楚自己的真实愿望。想来参加活动又放不下其他的事情，无法确定优先次序，搞得很混乱。扮演再多角色的演员，也不能忘记自己的本色。因此，要先诚实地弄清楚自己到底要什么，什么对于你是重要的。这样便使自己有正确的优先次序，也会有十分明确的取与舍。外在的利益与内在的利益有时是相辅相成、彼此增益的，有的时候像是鱼与熊掌，不可兼得。不可兼得时才真正考验我们到底要什么，我们怎么面对自己。

静下来深入自己，是你给自己的一个最有利的巨大机会。对自己的认识与了解是个渐进的过程，需要一个过程。诚实是最基本的态度，如果连诚实都做不到，就等于没有真正地活着。其实做到诚实，没有什么代价，只是要放下、抛弃那些虚假的东西，随之，真实的自己便自动地呈现出来。

心灵悄悄话

一分耕耘，才能有一分收获。我们只有脚踏实地的付出努力，才能改变命运，才能过上幸福美满的生活。